新华博识

新华博识·知无涯

新华博识文库系列图书：

7 岁开始的哲学思维启蒙 ［英］彼得・沃利、安德鲁・戴伊 著

哲学商店：培养哲学思维的 138 道思考题 ［英］彼得・沃利 著

人是一棵思考的苇草 ［英］加雷思・索斯维尔 著

两种思维：理性生活必需的哲学推理与科学实证 ［美］马西莫・匹格里奇 著

做哲学：如何更清晰地思考、写作和争论 ［英］加里・考克斯 著

哲学能做什么 ［美］加里・古廷 著

电影院里的哲学课 ［英］克里斯托弗・法尔宗 著

非常识：最聪明哲学家们的最奇怪思想 ［美］安德鲁・佩辛 著

思想者心灵简史：从苏格拉底到尼采 ［美］詹姆斯・米勒 著

道德哲学十一讲 ［英］艾里克斯・弗罗伊弗 著

没有标准答案的哲学问题 ［美］菲尔・沃什博恩 著

40 堂哲学公开课 ［英］奈杰尔・沃伯顿 著

聪明人的心理学 ［美］大卫・麦克雷尼 著

你其实可以更理智 ［美］大卫・麦克雷尼 著

尼采的锤子：哲学大师的 25 种思维工具 ［英］尼古拉斯・费恩 著

我们如何思维 ［美］约翰・杜威 著

论人的本性 ［美］爱德华・O・威尔逊 著

给青年科学家的 20 封信 ［美］爱德华・O・威尔逊 著

对权威的服从：一次逼近人性真相的心理学实验 ［美］斯坦利・米尔格拉姆 著

14岁开始的哲学思维训练

Philosophy for
Secondary School

[英] 戴维·伯奇 著
张振成 王亦兵 译

新 华 出 版 社

图书在版编目（CIP）数据

14岁开始的哲学思维训练 / (英) 戴维・伯奇著 ;张振成 王亦兵译.
北京 : 新华出版社, 2016.12
书名原文: Provocations: Philosophy for Secondary School
ISBN 978-7-5166-3041-9

Ⅰ. ①1…　Ⅱ. ①戴…　②张…　Ⅲ. ①哲学－思维方法－青少年读物
Ⅳ. ①B0-49 ②B80-49

中国版本图书馆CIP数据核字(2017)第046109号

著作权合同登记号： 01-2015-2723

14岁开始的哲学思维训练

作　　者: [英] 戴维・伯奇　　**译　　者:** 张振成　王亦兵

选题策划: 黄绪国　　**责任印制:** 廖成华
责任编辑: 张　谦　　**封面设计:** 奇文云海

出版发行: 新华出版社
地　　址: 北京石景山区京原路8号　　**邮　　编:** 100040
网　　址: http://www.xinhuapub.com
经　　销: 新华书店、新华出版社天猫旗舰店、京东旗舰店及各大网店
购书热线: 010－63077122　　**中国新闻书店购书热线:** 010－63072012

照　　排: 臻美书装
印　　刷: 河北鑫兆源印刷有限公司

成品尺寸: 150mm × 230mm　1/20
印　　张: 14.4　　**字　　数:** 240千字
版　　次: 2017年6月第一版　　**印　　次:** 2021年7月第二次印刷

书　　号: ISBN 978-7-5166-3041-9
定　　价: 39.80元

致谢

我想感谢彼得·沃利（Peter Worley），他不仅创建了哲学基金会（The Philosophy Foundation），还对各种试验一直保持开放的态度和高度的热情。感谢艾玛·沃利（Emma Worley）为维持基金会日常运转所付出的努力和取得的成绩，有了她这一切才有可能实现。感谢卡洛琳·兰顿（Caroline Lenton）对本套丛书所投入的时间和信任。感谢塔玛·列维（Tamar Levi）为本书绘制的精美插图。

感谢我在布里克斯顿伊夫林格雷斯学院（Evelyn Grace Academy）的全体学生，感谢他们踊跃表达自己的想法和观点，帮助我写成此书。感谢参加每周讨论的奥莉维亚（Olivia）、理查（Richa）和巴威什（Bhavesh）。感谢萨拉（Sarah）的鼓励与爱。

目 录 CONTENTS

前 言

正如戴维·伯奇（David Birch）在本书引言中所说的那样：在哲学领域没有专家，也没有人比别人更聪明。哲学是对话、是探究、是实验（用思想做实验），是为了对所讨论的话题有更加深入的了解。每个人都有权表达自己的观点，需要遵守的规则只有一个：尽自己最大的努力做到思维清晰、诚实思考、倾听其他观点、勇敢追随最有说服力的观点。

书中所列的练习能够有效训练哲学思维，同时也能很好地引导、鼓励思考和辩论。作者在其序言和引言中明确指出了本书所遵循的原则，认为教学并非自上而下地传递知识，而是对学生的好奇心、兴趣以及学习欲望作出回应，这也是教师对待学生区别于律师和医生对待客户或病人的地方。教师应该通过启发与倾听来激发学生的学习热情，应该鼓励学生对身边的世界及亲身体验进行思考，给出自己的答案。

关于教育较为流行的说法和做法就是老师将知识与技能传递给学生。当然，在学生还不具备独立思考能力之前，这种做法是必要的和必须的，目的是向学生传授基本的信息以及处理信息的方法。但是，更重要的是要让学生知道几乎所有的探究都是不完全的，都具有开放性；让他们知道在很多探究领域里答案是没有对错的，只有所持观点的理由是否充分、合理；让他们知道所有观点都会受到一再推敲和挑战。

在所有学科领域中，哲学最具探索性和开放性，一个问题很难有确定无疑的答案，即使经过无数人的辩论还是会具有极大的复杂性。但是正因为这种开放性、不确定性以及不完整性，哲学才会成为一门极具创造性的学科。正如法国诗人、哲学家保尔·瓦雷里(Paul Valéry)所说的那样，“困难就是一道光；最无法逾越的困难是太阳”。

本书是启发和训练哲学思维的最佳读物。书中的练习引导我们进入哲学的世界，启发我们进行哲学思考、形成并检验自己的观点、努力弄懂每一个问题并拥有更加深入的见解。每一间教室、每一位教师都应该有这样一本书。有了这样一本书，学生对哲学的兴趣和逐渐培养起来的哲学思考能力就会贯穿整个学习过程，甚或一生。

安·克·格雷灵（A. C. Grayling）

序言

我当初接受教师培训的时候，培训主任曾经跟我说：老师和学生之间的关系就应该像律师与客户的关系。即使不带任何感情色彩去解读这句话，其暗含之意似乎也是：老师是专家，教学是一种职业。我觉得这种观点不管从哪个方面看都是不对的，其中渗透着一种疯狂和反乌托邦的气息。专业人士需要别人的认同与尊重，而青春期的学生对待老师最缺乏的就是认同与尊重。在疑心很重的学生眼里，所谓“专业的”老师与《皇帝的新装》里那个赤身裸体的皇帝没什么两样。面对着这些对一切都满不在乎的学生，你根本就没有可能保持专业人士的姿态，你的沉着笃定很快就会被日常琐事慢慢消磨殆尽。

专家全都待在高高的象牙塔里，居高临下、不染凡尘，从来都不会参与日常俗务，更加不会涉足泥沼。如果当年那位主任说的是小学或者幼儿园的老师与孩子的关系，我很怀疑他还会那么轻描淡写地表示这和律师与客户之间的关系一样。为什么只有青少年和老师的关系会被定义成这样呢？当老师在课堂上敲着桌子要求学生遵守课堂纪律、要求“学生就要有学生的样子”的时候，是什么在强迫教学双方都一定要去扮演那些“专业的角色”呢？我们认为有必要将某些“角色”分配给青少年，但是这些角色本身的定义就很有问题，我们最不想让学生担当的角色就是他们自己（当然，这个阶段的学生通常也最不想当自己，我们只不过是助长了他们的自我逃避；或许青春期的情绪确实具有很强的传染性）。

专家是让人又怕又需要的一种存在，但老师不应该认为学生需要老师，更不应该认为学生要怕老师。在遇到学生冷眼对待的时候，你只能告诉自己：我所做的一切都是为了学生好，虽然他们自己现在还不知道这一点。不过话又说回来，如果你不知道什么样的事情是对学生最不好的，那么说“这是为你们好”就会沦为一句虚伪的空话，听上去甚至像是施虐者说的话。“必要”与“惩罚”无论从本质上来说还是从实际上来看都如出一辙。

如果我们抛开“教育是必要的”这个观点，如果我们不再认为教育不容出错、不再焦虑教育的错漏之处，那么教育会是什么样子呢？如果我们不再去想教育应该是什么样子，如果我们把教育看作娱乐休闲活动，那么教育会是什么样子呢？

我们认为律师或医生是专家，那是因为他们在自己的专业范围内拥有一定的控制权。医生知道某个特定的治疗大体会产生怎样的效果，律师知道最佳辩护方案以及最后的胜率。

那么老师能控制什么呢？传统观念显然认为老师是“传道授业”方面的专家，知道如何教授技能与知识。换言之，就是说老师能够控制自己教学的结果。如果是这样的话，那就能说律师对司法官僚体系有一定程度的掌控力，医生对身体有一定程度的掌控力，老师对青少年的头脑有一定程度的掌控力。这听上去也太扯了吧！如果一个学生自己不愿意学，你怎么教都是没用的。所有人都知道这一点，但很少有人愿意承认这个事实，而拒绝承认在很大程度上是出于管理上的需要。

对学习来说最重要的是学习的欲望而不是灌输，能够起作用的是吸引力而不是机械运转。如果我们努力改善目前这种对自己所做之事一无所知的现状，如果我们的教学不再追求自己的目的而是关注学生的好奇心和兴趣，如果我们不再把课堂当作办公室而是将其看作现实世界的一部分，那么教育又会变成什么样子呢？我认为那个时候的教育有可能会变得很像哲学探究。

实际上，将哲学引进学校从本质上说其实乏善可陈，或许还不如让学生去学冲浪或者园艺，因为哲学缺乏英语或者化学这类学科所具有的基础知识。教授哲学的目的并非为了传授技能，学习哲学也不是为了要获得技能(更主要的是为了深入了解和洞察各种关系，而不是为了发展能力)；教授哲学的重点不是知识，因为这里没有知识(老师的作用主要是启发，而不是传递信息)。去掉知识或者技能，教育就只剩下学生自己。本书所提倡的教育方法的基础并非教学，而是倾听；倾听的目的不是为了控制或者纠正，而是为了进一步开阔学生的眼光与思路。

倾听要求就事论事、实事求是，鼓励学生就世界提出自己的问题可以帮助他们认识到世界之所以如此的来龙去脉，而不再是不明所以但是必须遵守的规则。哲学提倡平等对话而不是自上而下的传授，其本质就是让你知道这个世界的一切都是可以讨论的。哲学能够提高洞察力，能够放大你内心深处那道认知和思考的光亮，让你脱离惯性的逆反及惰性的顺从，进入一个充满不确定性且不断变化的新世界。

哲学告诉你，不全面没问题，因为只有不全面才有可持续性。英国哲学家维根斯坦(Ludwig Wittgenstein)说过："我不知道自己要去哪里，这就是哲学问题的形式。"在哲学面前人人平等，老师有可能知道怎样让对话继续进行下去，知道哪些问题能够激发进一步讨论，但是他们无法掌控对话的实际走向和最后结果。关于哲学问题的讨论不受任何人的控制，老师也不能最后一锤定音地给出最终答案，就一个话题的讨论就是你来我往的交流，困惑是这种交流的通行货币。哲学是一种重新学习语言的方式。

专家已经形成了一定的思维定式，他们几乎不再需要学习新知识；对他们来说，没有什么是新鲜事物，一切都是他们曾经见识过的，什么都不能让他们感到惊喜。但是老师不能这样，因为教师的职责不是"授人以鱼"，而是"授之以渔"。老师应该引导学生接受这个世界，以开放和警惕的心态对待一切令人愉悦之事。

如果说“不足而后能教”，那么不全面、不完整的认识正是教学的必要前提条件；而那些“无所不知”者至少有一件事情教不了别人，那就是如何学习，因为他们对什么叫“有所不知”一无所知。换句话说，你懂的越多，你能教的就越少。如果我们在教育中能够少想“我应该教什么”、多想“我能做什么”，如果我们能将上课当作是自己和学生一起学习的机会，那么学校就会成为更好的学校，教育也会成为更好的教育。

这个世界偶像太多，现实太少。

弗里德里希·尼采（Friedrich Nietzsche）

哲学所能做的就是摧毁偶像，这就意味着不产生新的偶像，即“偶像的缺失”。

路德维希·维根斯坦（Ludwig Wittgenstein）

引　言

我能从他人那里接受的不是教诲，而是启发。

爱默生（Ralph Waldo Emerson）

本书课程内容建立在交谈的基础上，这种方法简单但略显激进。学生在课堂上很少有机会和时间彼此交谈，倾听同学的观点，但是学校最好（也是最不好）的地方就是可以认识不同的人、可以交朋友。不管怎样，表达和倾听对每一个学生来说都十分重要。

一般来说，在学校生活里，体育课和戏剧课主要以班级集体为单位开展活动，学生无法作为独立的个体单独活动。现在哲学也想加入它们的行列，要求学生不仅要一起玩游戏、一起商量比赛策略、一起计算比赛成绩，而且还要一起交谈。这本书通篇都是各种各样的提问问题，每个问题都是一次邀约，最好的问题就是那些能够引出更多问题的问题。在哲学课上，主角不是哲学，而是学生。也就是说，哲学课的重点不是话题，而是其他人。

倾听是件很奇怪的事情。它具有穿透性，别人嘴里说出来的话就像他们身上散发出来的气味一样，让我们无法忽视也不能置之不理。倾听就意味着被牵连进去，而且就连我们自己都不知道会被牵连进什么。尽管我们能够压制住自己的思想，想要抵御他人的思想、不让自己受其影响却是一件十分困难的事情。好吧，那是因为你永远都找不到一种让别人“闭嘴”的礼貌说法！不管怎样，倾听就是向别人敞开心扉，听凭自己的思想朝自己无法掌控的方向发展。与之相反，唯我主义者则全都是固执的习惯动物。

学校总是爱喋喋不休地谈论人与人之间的尊重以及划定人际界

限是多么的必要，但却很少关注集体带给个人的那些愉悦和满足。学校关注的重点是我们与他人在一起时有可能会出现什么问题，而不是会有哪些好处；我们彼此尊重是为了不敌对、不仇视，我们不应该与人为敌。其实，就算别人成为我们的敌人，那又有什么所谓呢？如果教育回避了这个问题，那么这种教育显然不是很关心怎样才能过上美好的生活。

注重倾听能够有效化解以学生为主或者以老师为主这种非此即彼的绝对二分法，能够消解掌控知识源与话语权这种传统观念，因为表达与倾听如水乳交融，不可分割。交谈是对供求关系的无情嘲弄：提问虽然是一种需求，但提问者并不知道自己想要的是什么；答案虽然是一种供应形式，但回答者并不知道自己所给予的到底是什么。总之，本书信奉不带个人色彩的自由主义及不带狂热崇拜的集体主义；个人虽然并非神圣不可侵犯，但至少不应强迫其参与。这让我想起了王尔德关于天气的一句名言：每当人们谈论天气，你都会觉得他们好像在说别的什么事情。其实教育也是一样。

教育能够在某种程度上对抗社会不公，但国家也正是通过教育将孩子赶出各自的家庭，这种做法总是难逃乌托邦主义所带来的风险，总是想要将我们对现有成人世界的不满化作对下一代的期望。而这种期望永远落空，对学生来说，满脑子都是乌托邦美好幻想的老师更像莎士比亚笔下《暴风雨》中米兰公爵普洛斯彼罗，而不是那个爱上了自己作品的雕塑家皮格马利翁。

换言之，社会总是想要通过教育达到某种或者某些目的，而教育总是为此深受其害。这或许也是为什么小学生可阅读的哲学书籍总是大大超过中学生的一个原因。相比叛逆的青少年，儿童显然更加听话、更加顺从，他们的性格还未最终成形，因此更加容易进行塑造。当然，如果想要培养有宽容精神的公民、充满理性精神的个人、或者持怀疑态度的无神论者，这是一场与时间斗快的竞赛。

青春期是一场毫无胜算、必输无疑的挣扎，处于青春期的人永无翻身机会。孩子会大声抗议希望别人把他们当作孩子那样对待，成年人也会要求别人用对待成年人的态度对待他们，但是你很难想象一个正处于青春期的青少年要求你像对待青少年那样对待他。虽然我知道不少大人都会羡慕青少年，但是他们羡慕的绝对不会是别人对青少年的理解与信任。当然，青少年最喜欢做的事情之一就是辜负别人对他们的信任与理解。值得指出的是，青少年总是能够让我们对“不可能”这三个字有更加深入透彻的理解。比如，他们需要我们的理解，但与此同时又总是会想方设法地用各种方法粉碎这种理解。

如果我们抛弃关于教育就是为了“传道授业”的传统观念，将教育看作通往自我实现的途径，那么我们可以通过本教程鼓励或者带出学生内在的美德：教儿童的时候鼓励他们的童年品德，教青少年的时候启发他们青少年时期优良品德。

那么，青少年都有哪些优良品德呢？我的建议是：完全不要对他们进行任何教育。当然，我的这个建议是启发性的，不具任何规范性，其基本思想就是：人只有做自己才能活得更好。

当然，为了能够将青少年身上的这些特质视为闪光点，我们也必须将其作为自己的选择和愿望。

课　堂

教室里课桌的摆放应该方便学生之间进行对话，一般有三种选择：围成半圆、圆、按原位坐。

将课桌围成半圆形能够产生共享空间，每个学生都能看到大家，你也能随时从缺口处走出来使用黑板或者白板。但是如果你不想板书的话，让学生围成圆圈通常会有更好的效果。

半圆有个缺口，根据我的经验，有些时候封住这个缺口让学生围坐效果会更好。这样跟学生坐在一起能够增加你在班上的存在感，你的倾听对鼓励学生积极表达十分重要。板书有时候起不到什么作用，反而会分散学生的注意力，甚至会成为一种障碍。下课铃响的时候，黑板或者白板上的板书能够证明这一节课的教学成果，这是板书对老师的最大诱惑。但这些板书只不过是让老师感觉良好，实际上很有可能并没有什么实际效果。

如果哲学的教学也有“原罪”的话，先入为主和强行定调这两种干扰方式就是排在最前面的两项。好奇心是哲学的最佳伙伴，教哲学的时候你必须时刻牢记一点：你有可能不会知道学生这节课到底学到了什么。我们读完一首诗或者吃完一个泡芙以后是不会去想自己有什么收益的，收益不是问题的关键，历史上也没有哪个哲学家是为了钱才去钻研哲学问题的。因此，教哲学不需要老师过于主动。

当然，围成圆圈或者半圆并非万能的，有些班级不是很喜欢有共享空间。虽然有些学生喜欢融入集体，但是无遮无拦地曝露在所有人的视线范围内也会让有些人感到不舒服。我教过的一些班级就是这样，学生坐在原来的位子上讨论和发言的时候更加积极。每个班级都是不同的，所以不能用一个模子去套所有班级。在考虑如何安排讨论空间的时候你只需要问一个简单的问题：怎样安排最适合学生进行讨论？

上课之前要准备一个球。这个球应该大一点（容易抛接）、软一点（安全、易传递）、色彩鲜艳（显眼、吸引人）。上课讨论的时候要求学生持球发言，球的作用就像接力跑的接力棒一样，能够将发言者联系起来，帮助学生跟上课堂进度，同时也能让发言的学生有安全感，因为他们知道只要球在自己手里就有发言的时间和空间，发言的时候就不会被打断或者遭到反驳。不过需要注意的是，有些班级不用准备球也可以，班级人数越少对“发言球”的需要相应也就越小。除此以外，在课堂上传球本身也是一种乐趣，球会撞翻东西或者砸到人的脑袋，这些都是学生十分喜闻乐见的事情。

如果你打算使用黑板或者白板，应该向学生强调板书在哲学课的作用与众不同：它不再是一种信息工具，而是一种实验媒体。如果不事先对学生讲明这一点，看到黑板或白板上的板书内容与他们的观点相左会让他们十分愤怒，会认为写上去的那些观点似乎得到了某种加持。在哲学课上，写到黑板或白板上的东西并不是要求学生掌握的知识点，而是要求他们思考的问题。

同样道理，老师上哲学课的声音和语调也应该和其他课程有所区别。

首先，你的声音和语调中不应该有居高临下的指导或命令意味，因为你在哲学课上不是要教学生什么，而是向他们提建议。所以你需要收起那种“我知道一切”的语气，让自己的声音成为一种催化剂、一种融合剂。学生可能需要一段时间才能适应这种变化，而且他们也需要调整自己的心态，因为哲学课上既不要求背诵也不需要为取悦老师而发言，他们唯一要做的事情就是表达自己真实的想法。在这里，发言不是为了与别人达成共识，也不是为了和谁站成一排或者标榜个性，而是为了参与讨论、促进思考。

材 料

本书的问题共分三类：起始问题、解释学问题、任务问题。起始问题是引子，是为了启动讨论；解释学问题让学生有时间阅读文本并加深对文本的理解；任务问题是头脑风暴的中心，是哲学探究的重点。从理论上来说是这样，但实际上你有可能会发现某个任务问题平淡无奇，反倒是起始问题或者解释学问题更有讨论空间。不要让本书的内容设计限制你的教学，也不要认为你必须完成任务问题的讨论或者应该花更多时间在这些问题上。本书每一课的内容都由几部分组成，你可以视实际情况跳过其中的某些部分或者打乱原来的顺序。本书的内容不要求严格遵守，而是鼓励老师根据自己的需要随机制定课程安排。

每一课的内容都有巨大的发挥潜力，虽然至少能够填满一小时的课程，但随时都能超出这个时间限制。我曾经教过一个班的学生，光是起始问题（什么叫自然？）就讨论了整整三个小时。不要觉得一定要在规定时间里完成所有问题的讨论，不过你也要随时应对改变讨论方向的情况，做好即兴发挥的准备。教学计划只适用于全知全能和满堂灌输的教学方法。

大部分问题下面都列出了一系列小问题，大体给出了一个讨论的走向或者帮助你明确你想要将讨论引到哪个方向。这些小问题都是你可以使用的资源，有些问题甚至比相应的任务问题还要有趣。这种情况下，你可以将任务问题放在一边，集中讨论学生感兴趣的问题。在讨论的过程中通常会出现更多新问题和有趣的问题。比如你在讨论酷刑这个话题的时候，有学生问你："监狱算不算是酷刑的一种？"这个时候你可以改变讨论方向，让全班集中讨论这个问题。这种情况经常发生，同样的内容教不同的班级会出现不同的结果。从某种程度上说，"你不能两次踏入同一条河流"这句话同样适用于本书的教学。

大部分任务问题都是封闭式问题，换言之就是能够用"是"或者"不是"来回答。这种问题的好处是观点明确，学生只需思考自己是否接受某个观点，无需先想好充分的理由，这样他们才会更愿意投入讨论。当学生对某个问题表明态度以后，你可以问他们为什么赞成或者反对某个观点；当然，他们不需要一开始就像罗丹的《思想者》那样陷入苦思冥想，只要他们开始思考，你就可以通过一个接一个的问题引导他们在探究的道路上一步一步地深入下去。

除了以提问的方式引导思考，你也可以使用陈述句表达观点，然后启发学生表达自己对该观点的看法。这种方法会让学生有本可依，在此基础上提出自己赞成或反对的观点。举例来说，你可以用"做坏蛋比做好人更开心"代替"做坏蛋和做好人哪一个更开心？"，用“每个人都是自私的”代替“人从本质上说是自私的吗？”当然，你需要在每个陈述句后加上一个问题：“你们认为是这样吗？”

此外，你也可以不提任何问题，直接讲述相关的故事，然后让学生谈一谈自己的感想，组织他们自由讨论。实际上一旦掌握了哲学的本质，你完全可以抛开这本书，把课堂交给学生自己掌控。

有时我上课不会事先准备任何教学材料，课一开始就问学生上一周都在想些什么。采取这种形式的课堂一般都会比较自由，开始的时候可能会讨论算命这个话题，但是下课铃响起的时候你们有可能正在讨论化妆品。自由讨论课并不一定就是最好的形式，只不过是一种选择而已。如果你对课堂讨论的走向以及内容还没有充分的把握和掌控力，使用预先准备的材料不失为一个好的选择。

本书的每个章节开头都有一段引言，之所以这样安排完全是因为我自己喜欢。不过你也可以在这些名人名言上做文章，上课之前把它们抄到白板或者黑板上，然后对学生说：“这是古波斯作家鲁米说过的一句话，我把它写出来是因为今天要讨论的问题跟它有关，或许讨论完这些问题以后你们就能更好地理解这句话的意思了。”然后，你可以在讨论过程中抓住合适的机会问学生：“你刚才说的跟鲁米的这句话有没有什么关系？”或者“有没有人现在看明白这句话的意思了？”当然，回答这些问题无所谓对错，我选择这些引言的时候也带有很强的随机性，你可以将其看作丰富课堂内容的补充材料。

最后再来说一说本书内容的适用年龄。有些章节的内容涉及令人不安的话题，我之所以没有标出最低适用年龄是因为每个班级的情况都不一样，只有老师最有资格判断哪些内容不适合自己的学生。当然，判断学生接受能力的最佳方式就是测试一下，告诉他们如果有任何人认为自己无法接受正在讨论的话题或者某个话题让他们感到不舒服，那么你将毫不犹豫地换一个新话题。

讨 论

学生必须知道自己能够畅所欲言，你要告诉他们在哲学领域没有智力上的高下之分，没有人的思想比你的更有价值，我们不应该在任何人面前俯首帖耳，没有哪一种观点能够让所有人臣服。此外你还应该强调自己不会评估、评价任何人的回答，一个学生回答完以后简单地说声谢谢你就可以请下一个学生继续发言。

哲学是一门奇妙的学科，这是一个民主的领域，专家与门外汉拥有同样的发言权，因为哲学的任务不是解释世界，而是表达你对这个世界的观点。哲学家既不是科学家也不是消费者，不论是在小学还是在中学，权威判断与个人见解之间的界限就已经开始消失，更准确地说是二者之间开始相互融合，所有人都需要重新学习。反倒是小学生们所持的观点更加自然、更加直接。

哲学从本质上说充满好奇心，需要有一个开放的心态，重视吸收，既不允许我们太过自我中心，也不鼓励人云亦云，这二者都是与人对话过程中的大敌。当然，对青少年来说，沉默寡言很有可能是没有拿定主意之前的自我抑制。

提出问题以后留出几分钟的时间让学生与周围的同学进行讨论。如果你认为打个响指马上就能解开世界级的难题，那也太傻了。学生有时间交谈才能就讨论的话题初步形成自己的观点，这样也能让他们为集体讨论做好必要的准备。虽然探究哲学问题需要有耐心，但问题是如果让学生等得太久他们很有可能就此失去了表达的欲望。自由讨论时间让每个人都有机会发出自己的声音，同时也能让讨论气氛变得更加活跃。如果你注意到课堂讨论开始变得不热烈，同时又认为正在讨论的问题还没有穷尽，还可以组织第二次自由讨论。

组织自由讨论还有一个好处就是让你有机会与比较沉默的学生直接交流。你可以倾听他们的观点，鼓励他们在小组讨论中分享自己的看法。你可以告诉他们其观点十分有趣，其他人一定能够从这些观点中受益。当然，有些学生很可能真的不想发言，那么你就不应该强迫他们参与讨论。就算你为了鼓励某个学生大胆发言把“发言球”传给了他，也应该特别说明任何人都有不发言的权力。当然，想要判断哪些学生不愿意发言、哪些学生是有话要说但是有所顾虑是件困难的事情，所以既要知道什么时候应该温和而不带强迫地鼓励，也要知道什么时候需要放手。

学生发言的时候不要催促他们。有些学生会讲着讲着就没了头绪或者陷入困惑，给他们一分钟的时间理清自己的思绪。这期间你可以重复一遍问题，最重要的是要保持耐心，允许课堂上出现沉默。哲学课堂既不是每时每刻都喧闹嘈杂的游戏场，也不是经常集体保持沉默的祈祷会。当某个学生手持“发言球”沉思自己该说什么的时候，其他学生有可能会变得不耐烦和焦躁，但是你应该保持冷静。有的时候，太过关注让学生“参与”反而会变成担心他们因此有沮丧感。实际上，哲学的确会令人感到沮丧，这一点和其他任何事情都是一样的。我们当然不希望学生感到沮丧或者无聊，但是如果真是这样也不用太过担心。

正像我之前说过的那样，哲学具有对话性。但是开始的时候学生并不知道如何进行对话，他们回答你的提问，但是不会将自己的回答和其他人的回答结合起来，就像是在自说自话一样。所以你需要当他们的中间人，可以这样提问：“你刚才说的和甲的观点一样吗？”、“哦，对了，这就是说你完全不同意甲的观点啰？”、“你认为甲刚才的观点怎么样？你同意他的看法吗？”、“好的，我们现在讨论一下甲刚才提出的那个问题。你们怎么看？”……这样做的目的是让学生学会倾听别人的观点，将自己的观点作为整个讨论和对话的一部分。

你有可能需要花几个星期甚至更长的时间教会学生这一点，但是慢慢的你就会发现自己不再需要经常问这样的问题了，学生能够彼此呼应，就别人的观点提出自己的看法。发展到这个阶段，只有持球者才能发言这个规定有可能就会显得过于严苛，不利于大家自由表达观点。不要让学生觉得自己不举手、不经允许就不能向发言者提问或者反驳其观点，毕竟规则只不过是我们达到目的的手段。如果你能抽离旁观，而学生之间的对话仍能有序进行，那这就是最理想的状态了。当然，如果对话继续不下去或者学生开始争吵、打断别人说话，你还是应该出手干预。这并不是说打断别人说话是什么了不得的大事，而是应该对他们的对话风格进行适当的规范。

关于哲学探究还有一点十分重要，那就是学生应该说明自己观点背后的理由。如何做到这一点见仁见智，我的建议是不要让学生为自己的观点进行辩护，而是要看他们这些想法来自哪里、会将他们带往何方。因为要求进行辩护是一种命令，“你怎么证明自己的观点”与“你的观点必须有正当理由”是一个意思，就好像只有能够证明的观点才是正确的观点。但是哲学界并不存在唯一答案，所以我们应该这样做：当你问学生为什么会持这种观点的时候，你不是在要求他们解释理由，而是要他们即兴发挥；你不是在要求他们为自己的观点辩护，而是出于好奇想要知道更多，想要知道这观点给人怎样的启发，能有怎样的拓展。

世界

“它”

死亡的证据是统计数字，每个人都有成为第一个永生者的危险。

博尔赫斯（Jorge Luis Borges）

帝国主义与魔法

我们可以有能力，但会永远无助。

亚当·菲利普斯（Adam Phillips）

对欧洲人来说，美洲大陆在十五世纪以前是不存在的，他们的地图上没有标出这两块大陆，他们对此也一无所知。

后来在葡萄牙和西班牙的带领下，欧洲人才开始探索这片广袤的海洋，发现了北美洲、南美洲、澳洲，并进而深入到非洲和亚洲地区。欧洲想要将整个世界全都变成自己的殖民地。

在帝国主义的扩张过程中，欧洲人接触到与其大相迥异的文化与社会，接触到完全不同的人。他们将这些人称为“野蛮人”，将其社会称为“原始社会”。在这些文化中，他们最经常遇到的一个元素就是魔法。

上世纪二十年代，英国人类学家伊凡－普里查（E. E. Evans-Pritchard）曾前往中非和那里的赞德人一起居住和生活过一段时间，期间认真观察和记录了他们对魔法的使用。他发现赞德人相信魔法可以让他们在打猎的时候隐身、能够让长矛投掷得更准、保护他们不受女巫的迫害、帮助他们娶到妻子、可以让雨水不再落下、可以让太阳晚点落山。

哨子是赞德人使用的一个主要魔法工具，不同的口哨有不同的作用，其中一种口哨据称可以让佩戴者隐身，另一种口哨则能够向女巫或敌人发起复仇。佩戴者需诵出咒语：“你偷了我的长矛，我要吹响我的口哨。让雷电劈死你，让豹子咬死你，让狮子吃掉你，让你被自己的斧头砍死。哨子，哨子，哨子，我派你去追那个小偷。”然后他们会吹响哨子，然后继续说咒语：“哦哨子！哦哨子！哦哨子！让他用大树墩子切割食物吧。”

不过哨子并非赞德人唯一的魔法工具。他们不喜欢在夜晚赶路，如果回家的时候天色已晚，为了让太阳晚一点落山，他们就会在树上放一块石头，然后说：“你啊，石头啊，今天不要让太阳落得太快吧。”此外，在搭建屋舍或者召集宴会的时候，他们还会用石头“让天不要下雨”。他们会把石头挂在空中，然后念起咒语：“让雨水不要落下，让雨水不要落下。就算雨水想要落下，也让它像石头一动不动吧。”

起始问题：你认为他们的魔法会有用吗？

深入思考题：

❖ 用是否有用来描述魔法合适吗？

❖ 魔法实用吗？如果我们不想买雨伞可以选择诵念止雨咒吗？

❖ 如果魔法不成功的话，赞德人为什么会使用魔法呢？

很多欧洲人看到此类活动后均认定这些社会不如自己的社会先进，认为这些人使用魔法是因为他们还不了解自然界是如何运作的。于是这些欧洲人得出了结论：魔法是不对的，它只能说明原始人的头脑尚不发达。他们将魔法视为科学的一种，但这种科学的基础是对自然界以及影响自然界各种因素的错误认识。

任务问题1：魔法原始吗？

深入思考题：

❖ 魔法是“坏科学”吗？

❖ 我们有可能理解赞德人的魔法吗？

❖ 科学真的能够向我们揭示自然界是如何运作的吗？

❖ 使用魔法者大脑不发达吗？他们不如我们先进吗？

❖ 科学与魔法是否能在同一种文化中实现共存？

❖ 原始有什么问题吗？

❖ 我们是否也有属于自己的魔法形式？

❖ 神话、宗教、迷信在我们的生活中是否不可或缺？

❖ 什么叫魔法？关于人类的无助，魔法是对这一事实的承认还是否认？

试想一下，如果伊凡－普里查认为自己应该帮助赞德人，他虽然尊重他们的习俗与生活方式，但是认为还是有可改善和提高的空间。如果他用医药代替赞德人的魔法，那么他们就会更加健康、活得更久；他可以开办学校，教大人孩子科学知识；他还可以建医院，将科技带入他们的社会。

任务问题 2：他应该这么做吗？

深入思考题：

❖ 他们需要教育吗？

❖ 他们的生活需要改善吗？

❖ 什么能让生活变得更好？

❖ 我们知道什么对别人最好吗？

❖ 某些文化会比其他文化更加高级吗？

❖ 向他们介绍宗教和向他们介绍科学一样吗？

疯 癫

神智正常只不过是善用了疯癫；清醒的生活只不过是控制了梦境。

乔治·桑塔耶纳（George Santayana）

1、他是医生，他杀死了自己 250 多个病人，大部分受害者均为老人，他们全都死于注射海洛因，医生会在他们死后报告其自然死亡。这种谋杀持续了二十三年之久，期间几乎没有引起过任何怀疑。医生拥有自己的诊所，非常投入自己的工作。同事全都认为他是一位出色的医生，病人全都说他友好、可信。因此当他被警方以谋杀罪逮捕的时候，所有人都不相信这是真的，全都认为肯定是搞错了。

这是关于哈罗德·施普曼（Harold Shipman）的一段描述，他是英国史上杀人最多的连环杀手。精神科医生检查之后并未发现有任何迹象表明他患有“精神疾病”

2、她是某个暴力危险团伙中的一员，提起她的名字人人都会丧胆，而她也不相信任何人。但是有一天，她的人生发生了翻天覆地的改变。她自己是这样解释的：“有天上午我正往家走，突然听到空中有个声音在叫我名字。我抬头望去，发现是太阳在跟我说话。太阳说话的声音很像是个德国老太太。她说：‘你正慢慢死去。’于是我问她：‘你什么意思？’然后她就不见了，整个天就变黑了。我瘫倒在地，醒来的时候就瞎了，之后整整三天时间什么都看不见。复明之后，我就开始了新生活。”之后她离开了原来的团伙，更名改姓，加入了一个慈善团体，专门帮助刑满释放人员重回普通人的生活。她还是会对太阳说话，而且据她自己声称，太阳也还是会跟她说话。

改编自圣保罗皈依基督教的故事

3、他就职于一家大公司，每天的工作就是盯数字，唯一的工作目标是赚钱。他每天工作 14 个小时，有时甚至已经想不起来办公室以外的世界是什么样子了，工作让他精疲力尽。虽然他经常想要离职，但公司薪水很高，他想多赚点钱。就连晚上做梦的时候，他看到的都是电脑屏幕上闪烁的数字。他有好几次为了工作错过了家人的葬礼；虽然几乎见不到自己的妻子和两个孩子，但一工作起来他就完全忘记了他们。工作的时候，他满脑子想的全都是钱。

摘自英国《卫报》“金融博客”栏目中的个人陈述

起始问题 1：这三个人中有哪个疯了吗？

深入思考题：

❖ 哪个人需要帮助？

❖ 需要哪种帮助？

依次讲述上面三个故事，学生表达自己观点和意见的时候将其理由写在黑板或者白板上，然后围绕着这些关键词思考以下隐藏在故事中的问题：

起始问题 2：什么叫发疯？

想要说明“是什么”可以从描述其“不是什么”入手，所以回答“什么是……”这种问题的时候也可以先考虑其对立面是什么。在这里，想要回答“什么叫发疯”，我们可以先来看看什么叫神智正常以及到底多疯才叫发疯。此外，“是什么”还取决于我们所赋予其的价值和程度，其中包括我们的恐惧和欲望程度。因此，你还可以提问学生：“发疯是件好事吗？是我们想要千方百计、努力获取的东西吗？”

莎士比亚的四大悲剧之一《麦克白》讲述的就是一个谋杀与愧疚的故事。麦克白和夫人计划谋杀国王、篡夺王位。麦克白犹豫不决，而麦克白夫人则态度坚决。于是麦克白趁国王熟睡之时用匕首杀了他，麦克白夫人将满是鲜血的匕首放在睡梦中的国王侍卫身边嫁祸于他们，然后命令麦克白快去洗手："一点点的水就可以替我们泯除痕迹（朱生豪译）。"之后麦克白加冕成为新国王。

然而，麦克白夫妇并没有心安理得地过上大权在握的新生活。麦克白担心自己也会失去王位，大开杀戒杀了很多人；麦克白夫人则经常在夜深人静之时四处游走、自说自话。于是侍女叫来了医生，而麦克白夫人对他们却视而不见。她不断地洗手，想要洗清上面的血迹，但侍女和医生根本看不到她手上的血（以下译文摘自朱生豪先生所译版本）。

医生：她现在在干什么？瞧，她在擦着手。

侍女：这是她的一个惯常动作，我曾经看见她这样擦了足有一刻钟的时间。

麦克白夫人：可是这儿还有一点血迹。

医生：听！她说话了。

麦克白夫人：去，该死的血迹！去吧！可是谁想得到这老头儿会有这么多血？这儿还是有一股血腥气；所有阿拉伯的香料都不能叫这只小手变得香一点。啊！啊！啊！

医生：这种病我没有法子医治。

为了让学生对人物和剧情有更好的了解，可以安排放映电影片段。推荐罗曼·波兰斯基（Roman Polanski）1971执导的影片《麦克白》（*The Tragedy of Macbeth*）。

解释学问题1：麦克白夫人能看到自己手上的血吗?

深入思考题：

❖ 麦克白夫人的手上有血迹吗?

❖ 如果看到血迹是感知愧疚的一种方式，那么她所看到的东西就是切实存在的吗?

❖ 看到血迹有可能是感知愧疚的一种方式吗?

❖ 电影里她的双手并没有鲜血，那么这部电影所表现的是真实情况还是一种特定的观点?

或许有人会对这个问题不以为然：“她当然能看到自己手上的鲜血，要不然她为什么要盯着自己的手看！”为了引导学生进行哲学思考，可以参考以下对话形式：

“医生能看到血吗?”

“不能。”

“为什么?”

“因为根本就没有血。”

“那就是说麦克白夫人看到的是不存在的东西?”

“没错。”

“那么她手上的血到底是她看到的还是她想象出来的?”

“是她想象出来的。”

“那么，真的不可能看到不存在的东西吗?”

解释学问题 2：麦克白夫人发疯了吗?

深入思考题：

❖ 她是否脱离了现实?

❖ 我们能够解释她的行为表现吗?

❖ 她不正常吗?

❖ 在她所处的那种情况下，她怎样做才是神智正常?

任务问题 1：如果某个东西只有你能看得见，这是否意味着它就不是真的?

深入思考题：

❖ 我们怎样才能确定什么是真的？

❖ 说某个东西是真的，这是什么意思？

❖ “某事为真”这一判断适用于所有人吗？

❖ 出现幻觉是发疯的迹象之一吗？

❖ 什么是幻觉？什么是看见？

❖ 相信“非真”之事是发疯的迹象之一吗？

德国哲学家、心理学家弗洛姆（Erich Fromm）于1955年出版《神智正常的社会》（*The Sane Society*）一书，将整个社会诊断为疯癫。他认为整个西方资本主义社会执着于获取金钱和利润，这是大规模精神疾病的症状。资本主义导致人际关系疏远，而疏离就是疯癫，因为精神健康的特点之一就是具有爱和创造的能力，人生的目标就是要热爱生命、充实丰富、头脑清醒。一个精神健康的人有爱、有理性、有信念，尊重自己与他人的生命。

而疏离化这种体验是将自己异化为“外星人”，他们没有把自己看作是自己世界的中心，不是自己行为的创造者，而是自己行为的奴隶。疏离者既脱离他人，也脱离自己，这样的人是不可能健康的，因为他们缺乏自我感。疏离者不快乐，会庆幸刚刚过去的这一天没有失败、未受屈辱，永远不会充满热情地拥抱每一个全新的日子，因为后者只有抱着“我就是我”的心态才能充分感受得到。

解释学问题3：弗洛姆所提出的“疏离化”概念是什么意思？

深入思考题：

❖ 你是你自己世界的中心吗？

❖ 你认可他对精神健康的看法吗？

❖ 良好的精神健康与神智正常是一回事吗？

❖ 我们应该努力保持健康吗？有可能出现“过分健康”这种情况吗？

❖ 你认同他对人生目标的总结吗？

❖ 我们怎样才能知道人生的目标是什么？

❖ 他对整个社会的诊断正确吗？你能在我们的社会里找到这种“疏离化”现象吗？

为了帮助学生们更好地理解弗洛姆的观点和理论，可运用其精神健康标准分析本章节开始部分的个案：“弗洛姆会如何诊断这三个人的精神健康状况？他的诊断对吗？关于麦克白夫人他会说些什么？”

关于整个社会都疯了这一观点，弗洛姆是这样辩护的：“数百万人全都做着同样的恶行，也不能将罪恶变为美德；数百万人全都犯错也不会让错误变成正确；数百万人全都患有类似的精神疾病也不能让他们变成神智正常者。”

任务问题 2：整个社会都疯了，这可能吗？

深入思考题：

❖ 神智正常的关键是能否适应吗？

❖ 我们的社会疯了吗？

❖ 如果这个社会疯了，那么这是否意味着社会里的每个人也都疯了呢？

❖ 如果每个人都能看到某个东西，这是否意味着它一定为真？

❖ 疯癫能够自愈吗？如果社会疯了的话，谁能治愈它？

时　间

大自然的每一个时刻都是新的；过去的一切全都被吞噬并遗忘，只有来者最神圣。

拉尔夫·爱默生（Ralph Waldo Emerson）

不论是在古希腊、古罗马神话还是在圣经里，创世故事都不约而同地描述了大地、海洋、星辰出现之前那个世界的模样：漆黑无形、一片混沌、一片虚无。然后才出现了陆地和光亮，用土或者尘塑造了人类。但是所有的创始故事都没有提到时间是如何被创造出来的。

各元素各就各位并创造出大地；睡眠、梦境、欢乐是夜与俄瑞波斯（黑暗）的子女，独眼巨人库克罗普斯及泰坦诸神是大地与天空的子女，也是第一批生物。我们的生命和灵魂始于上帝吹出的一口气。

这些故事描述了日与夜、暗与光、生命与死亡的起源，却没有提到过时间的起源。

解释学问题：这些创世故事为什么没有描写时间的创造过程？

深入思考题：

❖ 时间不是独立的元素而是万物不可分割的一部分吗？

❖ 时间从本质上说与上述事物相关吗？（举例来说，如果山脉是被创造出来的，那就是说山谷也是被创造出来的，而山脉与山谷从本质上说就是彼此相关的）

❖ 除了时间之外的万物都是被创造出来的，这有可能吗？没有时间的世界有可能存在吗？

❖ 如果你来写创世神话，你会如何描述时间的创造？

起始问题：什么是时间？

深入思考题：

- ❖ 时间是一种力吗？
- ❖ 时间是一个物体吗？
- ❖ 时间在我们的里面吗？时间在我们的外面吗？
- ❖ 你能逃避时间吗？
- ❖ 时间是私人的还是共享的？
- ❖ 世间万物都会变老吗？
- ❖ 如果毁掉世上所有钟表，是否意味着你摧毁了时间？
- ❖ 如果毁掉太阳，是否意味着你摧毁了时间？
- ❖ 要毁掉什么才能摧毁时间呢？

几百年来，那些想要预知未来的人总是会将目光投向十六世纪大预言家诺查丹马斯（Nostradamus）和他的著述。

诺查丹马斯于1503年出生在法国，医人为生，用自制草药治病救人，其中有些药方用于治疗瘟疫患者。此人兴趣广泛，曾经出书教人制作果酱、恋爱药剂以及漱口水。但他最广为人知的就是著名的“诺查丹马斯预言”。

这些预言采用诗歌形式，每首四行，因此也被称为四行预言诗。根据他自己的幻象以及对星辰的研究，诺查丹马斯用一千首预言诗对3737年以前的世界进行了预测。

有很多人相信他的预言，认为有很多不少都已经成真了。例如，诺查丹马斯曾经这样写道：

公正之血会在伦敦铸成大错，
二十三与六的闪电酿成大火：
古老的妇人将会从高处坠下，

同一区几处地方将遭到屠杀。

这首四行诗似乎描述了发生在伦敦的一次失火事件，事件中有很多人丧生。第二行诗句点出该事件发生在“二十三与六”这一年。二十乘以三等于六十，再加六等于六十六。事实证明，1666年伦敦一家面包店的确发生了一起火灾事件，火势蔓延，大火烧了整整三天才熄灭，烧毁了数以千计的房屋。

此外，信徒们还认为诺查丹马斯准确预言了两百年后拿破仑的崛起。他有一首四行诗其中一句是这样的：“PAU，NAY，LORON来自火而不是血。”将大写字母重新组合排列后即变成“NAPAULON ROY来自火而不是血”。Roi在法语里是“国王”的意思，因此“NAPAULON ROY”意为国王Napaulon（与拿破仑Napoleon发音相同）。不仅如此，拿破仑并非皇家血统，而是从士兵一步一步攀上权力顶峰，因此他的王位来自战火纷飞的战场上所取得的显赫战功，而不是源自家族血统，预言诗中“来自火而不是血”这一句也能得到完美的解释。

诺查丹马斯还曾这样写道：

从平头士兵到后来帝国权柄，

从布衣短褐到后来长袍加身：

全副武装参与教会浴血战斗，

像水浸海绵让牧师丧气垂头。

历史上，拿破仑的确从一介普通士兵最后成为一国之君，反对天主教，囚禁了教皇，宣布其征服的全部国土均拥有宗教自由。

此外，信徒们还相信诺查丹马斯准确预言了人类历史上另一位自大狂的出现。请看以下这首四行诗：

他来自欧洲西部的最深处，

这个年轻的孩子出身穷苦。

他只用舌头就能诱惑军队，

他的声望将远播东方领土。

饥饿难耐的猛兽渡过河流，
大部分战场都反抗希斯特。
当德国之子不遵法律规则，
违者就将被引入钢铁牢笼。

解释学问题 2：如何阐释这些诗句方可将其视为预言？

深入思考题：

❖ 是否存在错误的阐释？如果不存在的话，那么是否存在正确的阐释？

❖ 是否可从任何事物中找到意思？是否一切都有意思？

❖ 我们到底是找到了意思还是编造出的意思，是否有可能区分二者之间的差别？

❖ 什么叫意思？

如果你想要讨论最后一个问题，可以这样引出问题：先在黑板或者白板上写“了”这个字，问参与者这是什么意思？然后再随意画一条曲线，问这是什么意思。如果参与者说那条曲线不代表任何意思，问他们为什么同样是线条，一种线条有意思，一种线条没有任何意思？二者之间最大的区别何在？决定这种区别的因素是什么？

诺查丹马斯写出那首预言诗后又过去了大约三百年时间，希特勒出生在西欧一个贫穷的家庭，他用极具煽动力的演讲——“用舌头”——征服并控制了德国。东方的日本成为他的盟国，但是“大部分”国家都反对他。

诺查丹马斯的信徒们认为以下这首四行诗所预言的事件尚未发生：

麦伯斯那个时候即将死去，
人畜将会遭受可怕的毁灭。
那时复仇就这样突如其来，

彗星掠过一百双饥渴的手。

这首诗里“可怕的毁灭”被解读为预言了世界的终结。如果我们将诗中提到的彗星看作是哈雷彗星的话，则世界的终结将发生在哈雷下次掠过地球上空那一年：2061。或许只有到了那个时候我们才能知道到底谁是麦伯斯。

起始问题 2：你认为世界有朝一日会毁灭吗？

深入思考题：

❖ 世界会永远存在下去吗？

❖ 这个世界的一切都是永久性的吗？

❖ 是否一切都会有终结？

❖ 有些事情是不可避免的吗？

❖ “世界的终结”是什么意思？世界消失之后还会剩下什么？

这是个哲学问题，同时也是个很实际的问题，因为有证据显示地球将会在几十亿年以后被太阳吞噬。不过你也可以用哲学观点来解释这个答案，看它是否符合更加宽泛的形而上学世界观。例如，你可以就这一答案这样提问：“有什么是会永远存在的吗？有没有一种定律表明一切都会有终结？”

以下这个问题或许看上去过于复杂，无法当场回答，但有的时候我们会有一些自发性的想法，虽然事先无法预测，但一旦提出却相当具有启发意义。如果学生一时无话可说也没有关系，继续往下进行即可。

任务问题 1：诺查丹马斯当时真的看到了未来吗？

深入思考题：

❖ 有可能知道未来吗？

❖ 你能“知道”自己明天会做什么吗？

❖ 如果我们不知道未来的事情，是因为我们不够聪明吗？

❖ 我们是否只能知道自己经历过的事情？

❖ 我们知道周五过后就是周六，这是否意味着我们知道未来？

❖ 如果你买了一张彩票，然后说：“我知道这些数字肯定能中奖”，结果你真的中了奖，那这是否意味着你知道哪些数字是中奖数字？

任务问题 2：未来存在吗？

深入思考题：

❖ 如果未来存在的话，它在哪里？

❖ 试想有个人叫住你问道：“我正在寻找过去，你知道我去哪儿能找到它吗？”你会怎样回答？如果这个人问的是哪儿能找到未来呢？

❖ 你能在房间里看到过去吗？你能在房间里看到未来吗？

❖ “如未来存在且未来你有子女，则你的子女存在”，这个推理正确吗？

❖ 你人生中未来的事件一早已经注定了吗？是谁来决定的呢？

❖ 如果未来确实存在，我们能改变它吗？

❖ 如果未来确实存在，我们自由吗？

❖ 过去存在吗？

❖ 是否只有现在是真的？

阿根廷作家博尔赫斯曾经在一首名叫“有人”的诗中这样写道：

死亡的证据是统计数字
每个人都有成为
第一个永生者的危险

任务问题 3：这是真的吗？你有可能成为第一个永生者吗？

深入思考题：

❖ 我们知道自己会死吗？这是确定无疑的吗？

❖ 所有生物都会死吗？

❖ 时间应为死亡负责吗？

❖ 你认为“死亡的证据是统计数字”这句话是什么意思？

❖ 我们如何知道会有死亡？

❖ 你认为博尔赫斯为什么将永生的可能性称为“危险”？

艺术与现实

我们该如何区分舞者与舞蹈?

叶芝（W. B. Yeats）

本章节内容基于杜尚（Marcel Duchamp）的《喷泉》（*Fountain*）以及波洛克（Jackson Pollock）的《薰衣草之雾》（*Lavender Mist*）。这些艺术作品均被视为“改变游戏规则”的作品，为了帮助学生更好地理解这些作品，可以先展示一些经典名作，如波提切利的《春》、达芬奇的《蒙娜丽莎》、勃鲁盖尔的《雪中猎人》、贝拉斯克斯的《宫娥图》、卡拉瓦乔的《圣托马斯的疑惑》、透纳的《摩特雷克平台》、雷诺阿的《游艇上的午餐》。

1917 年，美国独立艺术家协会刊登广告称将在纽约举办一次艺术展，主题为最新的现代艺术，展览不设评委和奖项，只有艺术作品，对参展艺术家的唯一要求就是支付金额很小的参展费。

当时担任独立艺术家协会理事的法国艺术家杜尚决定参展。他去商店买了一个男士用的小便兜池，签上名字“R Mutt 1917”，附上一个临时编造出来的地址，然后匿名发往独立艺术家协会参展，但是惨遭协会拒绝。

虽然事先声明展览不设评委，但理事会还是决定专门开会讨论这件被命名为《喷泉》的作品。有些理事十分气愤，对此事态度强硬。虽然作者已按要求交了参展费，但理事会经过投票仍以极微弱优势决定拒绝作品参展，理由是该作品不登大雅之堂，不是艺术。杜尚并未透露《喷泉》是他的作品，被拒绝参展后便辞去了协会理事的职务。

任务问题1：《喷泉》是艺术吗？

深入思考题：

❖《喷泉》不登大雅之堂吗？

❖ 不雅之物能够成为艺术吗？（参见布伦齐诺的《维纳斯和丘比特的寓言》或卡拉瓦乔的《圣托马斯的疑惑》）

❖ 艺术必须是善良、有道德的吗？艺术必须是有益于我们的吗？

❖ 艺术应该是令人愉悦的吗？

❖ 杜尚是否创作了《喷泉》？他是艺术家吗？

❖《喷泉》何时成为艺术：生产之时？签名之时？提交之时？被拒之时？

❖ 尿兜是艺术吗？

❖ 政府应该用纳税人的钱来展出尿兜吗？（例如在泰特现代艺术馆举办的那次展览）

杜尚创作《喷泉》三十年后，美国最畅销的《生活》杂志专题报道了艺术家杰克逊·波洛克（Jackson Pollock），标题为“他是尚在人世的最伟大的美国画家吗”？

波洛克摒弃了传统的画笔，将帆布直接铺在地上，然后将颜料泼洒、滴落、挥弹到画布上，使用的工具包括棍子及干硬的刷子。与杜尚一样，他的作品也遭遇了敌意与嘲笑。文章发表以后，《生活》杂志收到了五百多封读者来信，其中只有很少几封是赞美之词，大部分都和艺术评论家们一个论调，认为波洛克的画作就像“一头蓬松的乱发”，显示现代绘画的“分崩离析”。

任务问题 2：《薰衣草之雾》是艺术吗？

深入思考题：

❖ 艺术家必须具有高超的技巧吗？艺术是一门技术吗？

❖ 艺术必须有明确的意思吗？

❖ “艺术应该如何”这一命题有什么限制吗？

❖ 将某物称为“艺术”是什么意思？“艺术”这个词是否改变了我们看某物的方式？是否改变了某物的价值？

❖ 如果《薰衣草之雾》与《喷泉》均为艺术，二者之间有何共同点？

❖《薰衣草之雾》是一幅好画吗？

学生有可能会说它不是艺术，因为画得很糟糕。你可以问他们为什么糟糕就不是艺术？为什么不称之为“伪艺术”（漏桶毕竟也还是桶）？有什么是艺术应该有而《薰衣草之雾》没有的呢？艺术可以很糟糕吗？还是必须要好才行？

如果学生认为画作乱七八糟，其言下之意即为一团糟就没有任何意思，而艺术应该是能表达意思的（乱七八糟是否也能表达意思？什么叫乱七八糟？没有任何意思有什么不对吗？）。不过学生一般不会想到更深一层的言下之意，如果你问：“艺术为什么不能乱七八糟？”他们有可能会回答：“因为艺术就应该是有技巧的，弄得一团糟可不需要什么技巧。”于是你会接着追问：“那么你认为艺术就必须表达意思吗？”如果他们的回答是否定的或者看上去很困惑，你就可以再回到原来的问题上去；如果他们回答：“没错！艺术必须能够传达某种信息。”这说明他们已经通过自己的思考形成了自己的观点，那么你的提问就奏效了。

提示和引导并非强行灌输；但是过分担心灌输有可能会导致不敢提供必要的指引。提出观点并鼓励进一步思考是必要的、也是有价值的做法，不要担心会影响学生的思考。用专业一点的术语来说，这种担心是自由主义的神经官能症。

当时纽约艺术评论家克莱门特·格林伯格（Clement Greenberg）曾经宣称波洛克是“当代美国最强大的画家”，其他评论家后来也终于慢慢接受了这一观点。如今，波洛克已经在二十世纪伟大艺术家的殿堂稳占一席之地。格林伯格当时就认为波洛克的画作之所以意义重大，正是因为这些作品只有其应有之意，并未假装想要表现任何其他意思。

而过去的那些艺术巨匠们总是致力于创作三维立体画面，而实际上这些只不过是一种幻想，是欺骗视觉的把戏。波洛克的作品与之大相径庭，因为它们所表现的并非这个世界，只是在平面的画布上用颜料涂抹出来的线条而已。这些画作只不过是一些简单、单纯的线条，仅此而已。

任务问题 3：《薰衣草之雾》是否表现了现实？

深入思考题：

❖ 这幅画表现了什么物体吗？表现现实是否一定要表现物体？

❖ 情感与情绪是否也能代表现实？现实是带有情绪的吗？

❖ 艺术与现实是分离的吗？

❖ 画作有可能比照片更加真实吗？

❖ 如果艺术表现现实的话，我们为什么不能只关注现实就行？为什么还要创作艺术？

❖ 音乐表现现实吗？

❖ 什么是现实？

有人认为这幅画所描绘的是伦敦的卫星图片，这是个很有意思的切入点。你可以将讨论话题转为伦敦是否一片混乱，是一个毫无章法的综合体，虽然你生活在其中，同时也置身其外。当然，你可以引导学生探究艺术家最初的创作意图："如果波洛克当初的打算并不是要画伦敦的地图，那么说这幅画是伦敦的地图对吗？"、"如果梵高说他画的不是向日葵而是外星海洋生物，那么我们还能坚持认为那就是向日葵吗？"、"如果波洛克承认自己当初画画的时候已经困得睁不开眼睛了，那么我们还能说这幅画表达了对自由的热烈追求吗？"……

信上帝

当初赋予我们信仰的能力并非要我们区分正教与异教，而是要我们因信得生。

威廉·詹姆斯（William James）

英国著名演化生物学家理查·道金斯（Richard Dawkins）虽然写了不少演化论著作，却以其宗教观点最为人所知。《上帝错觉》（The God Delusion）是他最为畅销的作品，销量高达两百万册。他是坚定的无神论者且非常以此为傲，认为上帝是人们的幻想，而有这样的幻想正说明一个人的头脑是正常、健康的。

以下是他批评宗教信仰的几段文字：

如果有人想要相信上帝、复活兔、牙仙子之类的东西，那么他们就应该提供有关的证据。

总的来说，人类的头脑都倾向于认定信仰是美德，认为这根本就不需要什么证据，只要躲到信仰背后就行：“别问我这个，你没有权利问我。这是我的信仰，这是很私人的事情，是我的事情。我只管相信，你必须尊重这个。”

好吧，我就是不尊重这个。我尊重的是哪些基于证据的信仰。

道金斯的观点很有可能会冒犯到一些人，所以最好让感到冒犯者有机会发泄一下心里的怒气，然后再开始讨论下面的“任务问题”。你可以这样简单地提问：“你们认为他说得怎么样？”

任务问题 1：信上帝和信牙仙子一样吗？

深入思考题：

❖ 信上帝需要证据吗？

❖ 什么才算得上是证据呢？

❖ 我们是否有权想信什么就信什么？

❖ 信仰是一种美德吗？

❖ 我们是否应该永远尊重他人的信仰？

如果上帝是虚构出来的，那么或许父母不应该让子女信上帝，不应该向孩子灌输幻想与错觉？道金斯认为不应该：

我认为不应该向儿童灌输他们那个年纪还无法理解的东西，比如“你是天主教的孩子，所以你就应该信这个”。我认为这种做法十分邪恶。这个世界上根本就不存在什么基督教的孩子，只有基督徒父母的孩子。我们整个社会为什么会这么喜欢给小孩子贴标签，像什么天主教、新教、穆斯林教、犹太教？仔细想想吧，这难道不是对儿童的一种精神虐待吗？

解释学问题：道金斯为什么会认为向儿童灌输宗教思想是件邪恶的事情？

这个问题的重点并非其哲学意义，而是属于解释学的范畴。“解释学问题”一般是组织讨论时比较好的起始问题，首先是因为能够让学生进行深入分析之前先对问题有充分的认识和理解，其次这些问题能够让学生在消化吸收的基础上先进行明辨思维然后提出自己的观点，而不是一上来就进行单刀直入的活体解剖。在阐释的过程中观点会自然而然地产生，当讨论脉络逐渐清晰以后再提出接下来的“任务问题”，继续组织讨论。

任务问题 2：对儿童进行宗教思想的灌输是一种虐待吗？

深入思考题：

❖ 存在穆斯林或基督儿童这种事吗？

❖ 成年人将自己的信仰教给子女这种做法是错误的吗？这是

灌输吗？

❖ 儿童有理解宗教的能力吗？

❖ 儿童能为自己的信仰负责吗？他们是无助的受骗者吗？

❖ 家长有权随心所欲地抚养自己的孩子吗？养育子女有正确的方法吗？

❖ 我们无法选择自己的父母和自己出生的家庭，这是否不公平？

❖ 我们是由自己所出生的家庭来定义的吗？

❖ 儿童应该是自由的吗？

将以下陈述写在黑板或者白板上：

1、“我不信上帝。”

2、“我对上帝没有信仰。”

3、“我相信上帝并不存在。”

4、“我过我的生活，并不会觉得好像上帝是存在的。”

任务问题：这些陈述的意思是否有所不同？

深入思考题：

❖ 这些陈述中哪些属于无神论？

❖ 有神论、无神论、不可知论是我们的全部选择吗？

❖ 如果你不支持上帝，这就意味着你是反对他的吗？

❖ 我们所有人都对上帝有信仰吗？有可能对上帝没有信仰吗？

❖ 如果你说“上帝不存在”，那么这个句子里的“上帝”指的又是什么呢？

❖ 什么叫无神论？

在黑板或白板上写：

“我信上帝，但是无论做什么事情我都不会表现出这一点来。”

任务问题 4：这个句子说得通吗？

深入思考题：

❖ 一个人信上帝怎样才能表现出来呢？只是嘴上说说就行了吗？

❖ 一个人不信上帝怎样才能表现出来呢？只是嘴上说说就行了吗？

❖ 一个人的行为举止是否能够表明其是否信上帝？

❖ 你所认识的某人信上帝，但是你对此却一无所知，这可能吗？

❖ 你有可能隐藏自己的信仰吗？

❖ 你有可能过没有宗教信仰的人生吗？

❖ 你有可能过没有任何信仰的人生吗？

❖ 什么叫信仰？

关于邪恶这个问题

世界比我们想象得还要突兀难测。

路易斯·麦克尼斯（Louis MacNeice）

起始问题1：这个世界应该不存在任何苦难吗？

深入思考题：

❖ 苦难是否表示这是一个有缺陷的世界？

❖ 世界上有太多苦难吗？

❖ 什么叫苦难？

我们在《马可福音》中读到了耶稣所遭受的苦难。耶稣被捕后接受大祭司的审判，面对种种罪案指控一直保持缄默，既不承认也不否认。最后大祭司问他："你什么都不回答吗？"耶稣继续沉默。于是大祭祀又问："你是上帝的儿子吗？"耶稣回答："我是。"于是他被判处死刑。

他头上带着荆棘编成的冠冕，遭到嘲笑与鞭打，身披国王的紫袍，受到唾骂羞辱，然后被钉在十字架上。

忍受了九个小时的苦难以后，耶稣在暮色渐深的天空下终于崩溃了，用绝望的声音大喊：

Eloi, Eloi, lama sabachthani?

以罗伊！以罗伊！拉马撒巴各大尼？

这是亚兰语，翻译成中文意为"我的神！我的神！为什么离弃我？"他再也无法忍受痛苦，但上帝却并未施加援手减轻他的痛苦。因为承认自己是上帝之子而被判处死刑的耶稣此刻相信父亲不再关心他了。

任务问题1：苦难是否表示上帝（如果存在的话）并不关心自己创造出来的一切？

深入思考题：

❖ 你会爱某人却任凭其遭受苦难吗？

❖ 所有人都受难，这是否意味着我们全都是受害者？

❖ 遭受苦难总是能够找到可怪罪之人吗？

❖ 我们是否太过脆弱无力所以需要有个神来照顾我们呢？

❖ 什么叫照顾？

无神论者认为苦难的存在本身就证明上帝是不存在的；几千年来，有神论者一直都在和这种观点进行抗争，努力维护他们对上帝的信仰。

起始问题2：苦难的存在如何证明上帝不存在？

这个问题旨在鼓励学生自己从“苦难”这一前提出发得出“上帝不存在”的结论。如果他们未能得出这一结论，可要求他们按照下列步骤一步一步地得出结论，向他们解释这种方法可以让逻辑推理过程变得更加清晰。如果仍未奏效，可对每一个前提进行讨论和解释。在这个阶段，不要对下列前提及其之间的关系进行任何评估和评论，只需保证学生能够理解其意思即可。

提出观点之前要确保学生能够接受这种形式（参见附录二），要先向他们解释黑板或者白板在哲学课上的特殊用途（参见引言）。不要让学生认为你在向他们灌输结论。

1、如果上帝是全能的，他就能消除一切苦难。

2、如果上帝爱所有人，他就会想要消除一切苦难。

3、但苦难依然存在。

4、因此上帝要么是能力不足、要么是邪恶的、要么就根本不存在。

5、既然上帝不可能是能力不足也不可能是邪恶的。

6、那么上帝根本不存在。

如果你想重点讨论的是上帝的特征而非上帝是否存在，可将上述最后两项换成以下形式：

5、既然上帝不可能不存在。

6、那么上帝要么是能力不足、要么就是邪恶的。

任务问题 2：这个结论成立吗?

深入思考题：

❖ 上帝一定是全能的吗?

❖ 上帝一定是爱所有人的吗?

❖ 苦难有可能对我们有好处吗? 痛苦有可能是件好事吗?

❖ 如果我们不受苦，那我们还会需要上帝吗?

❖ 如上述结论成立的话，你还相信上帝吗? 你能说：“是的这个观点成立，但是我不信它”吗?

❖ 邪恶这个问题属于逻辑问题还是情感问题?

请学生列出自己无法接受的前提；如果全体学生一致认同“上帝不存在”这一观点，那就让他们站在有神论者的立场上思考有神论者会如何为自己的观点进行辩护。

有很多早期的基督徒认为很难相信基督的化身为真，无法想象上帝之子会流汗、会打喷嚏。有些人表示，因为物质世界是不纯洁的，所以耶稣不可能属于这个世界，所以他并非真正拥有一个物质的身体而只不过是表面看上去如此，这只不过是一个幻像。这就是基督教中的幻影派学说（Docetism）。

耶稣死后大约一个世纪，一位诺斯替教神学家瓦伦廷

（Valentinus）回答了上帝以基督为其化身的有关疑问，表示虽然耶稣与常人一样饮食，但他从不上厕所。那么问题就来了，如果神性与排泄物是不相容的，我们又怎么能想象纯洁、完美的上帝会创造出一个不完美的世界呢？在这个世界里冷掉的肉汁表面会结一层皮、牛奶会腐败结块，更不用说那些干结的呕吐物、病体上的坏疽，以及蠕动的蛆虫。完美的上帝怎么会创造出一个有这么多恶心东西的世界来呢？他为什么要这么做？

这其中的道理或许与苦难的存在是一样，只能证明上帝要么是不完美的，要么就是根本不存在。

任务问题 3：恶心之物证明上帝不存在吗？

深入思考题：

❖ 完美的世界里会有令人厌恶的东西吗？

❖ 这个世界是丑陋的吗？

❖ 厌恶这种感觉是对世界上不好之物的一种反应吗？儿童喜欢恶心之物有问题吗？

❖ 这个问题是关于我们对世界的态度还是关于世界本身？

❖ 邪恶令人厌恶吗？如果是的话，酷刑和奴役与结了块的牛奶相比怎么样？

❖ 厌恶是一种道德反应吗？

❖ 如果上帝创造出令人厌恶之物，这是否让上帝也变得令人厌恶了呢？

❖ 什么叫厌恶？

邪恶的本质

邪恶一旦上身，不管你信与不信，它都会一直存在。

弗兰兹·卡夫卡（Franz Kafka）

起始问题 1：历史上曾经发生过哪些邪恶的行为与事件？

追问这些事件为什么是邪恶的，引导学生层层递进地思考下列问题：

深入思考题：

❖ 什么叫邪恶？

正如我之前所说，想要回答“什么叫……”这类问题，首先回答“什么不叫……”并寻找相关例子是一个很好的切入点。然后就像莎士比亚四大悲剧之一《李尔王》中肯特伯爵对李尔王所说的那样，“让我来告诉你这两者之间的差别”。如果全体学生的意见一致，则可提出一些较有争议的案例让他们继续讨论，如美军枪杀拉登、大英帝国和二战中的盟军轰炸德累斯顿，以及伊拉克战争等。

1961 年 4 月 11 日，以色列政府在耶路撒冷将纳粹战犯艾希曼送上法庭，罪名是他把犹太人运送至死亡集中营，据估计有超过三百万犹太人在这些集中营中被屠杀。

作家汉娜·阿伦特（Hannah Arendt）受《纽约客》杂志委派报道该次审判，结果庭审中的见闻彻底改变了她对邪恶这一概念的理解。此前她一直认为纳粹分子的本质就是邪恶的，他们之所以能够犯下如此暴行完全是由邪恶的内心所驱动。但是在耶路撒冷，阿伦特并未在艾希曼身上看到任何明显的黑暗动机，这让她十分震惊。艾希曼所关心的事情看上去不仅平凡而且十分平淡，感兴趣的问题无外乎如何得到上司的器重和提拔，想要证明自己是一名出色的员工，工作尽职尽责、高效出色。在他身上似乎完全看不到对暴力和死亡的热衷和疯狂。那么，艾希曼是如何做出如此邪恶之事的呢？阿伦特认为他只不过是欠考虑，思想太过肤浅。用她自己的话来说就是非常“平庸”。

庭审期间，艾希曼用“奉命行事”这一借口为自己辩护，爱伦特认为这是普通人会去做邪恶之事的一个典型例子。对于系统性灭绝犹太人种族的所谓 “最终解决方案”，艾希曼开始的态度是厌恶和拒绝，但是一个月后就适应并改变了主意，战胜了自己内心的厌恶情绪。这一转变到底是如何发生的呢？阿伦特表示艾希曼只不过是不再去想这个问题，他放弃了思考。

对艾希曼的庭审持续了十四个星期，法庭最终判他死刑，但他本人似乎对此并不是很在乎，面对绞刑架的时候态度平静，挥手阻止行刑者往他头上套黑色头套。“德国万岁”，这是艾希曼死前所说的最后一句话。

任务问题1：

“一个人怎么能这么邪恶？”

“他只不过是做事欠考虑而已。”

“欠考虑”能够很好地解释邪恶吗？

深入思考题：

❖ 一个人有可能不再想问题、停止思考吗？

❖ 一个人有可能忘记自己的感情吗？有可能去做自己痛恨的事情吗？

❖ 思考是否让我们成为更好的人？思考能够导致邪恶吗？

❖ 邪恶是否来自缺乏某种东西或者拥有某种东西？

❖ 邪恶是一种灵魂的黑暗吗?

❖ 邪恶是一种疾病吗?

❖ 艾希曼应该被处死吗?

❖ 什么叫思考?

有些学生有可能会抗拒“邪恶”这个词，可以围绕该词汇的用途结合现实稍加讨论，但也可以避开这个词语，将话题巧妙地引回任务问题：“关于世界上是否存在邪恶，这个问题非常有趣，我们一会儿再来讨论。人们通常会为一些可怕的事情贴上‘邪恶’的标签，对不对？那么你认为是什么让人做出那些可怕的事情？是他们欠缺考虑吗？”

任务问题 2：普通人是否会做出邪恶的事情?

深入思考题：

❖ 这是否仅视周围的环境而定?

❖ 我们能否对所处环境具有免疫力?

❖ 我们能否知道自己所具有的能力?

❖ 邪恶普通吗?

❖ 邪恶是我们日常生活中的普通因素？还是十分罕见的异常现象?

❖ 什么叫普通人?

❖ 有没有人永远都不会作恶?

❖ 邪恶能否被根除?

❖ 邪恶是真实的吗?

怀疑论

生命中那些无意义的废话总是以奇特的关联刺穿我们。

华莱士·史蒂文斯（Wallace Stevens）

这是 1939 年的一天，有个神色羞怯、个子不高的男人站在狭长的大厅里，面前是一群热切等待的人。他翻看着手里的几页纸，观众席传来有人叹气的声音。不少人在抽烟，房间里变得烟雾腾腾。他拍了一下自己的口袋，清了清嗓子。观众在座位上坐直了身子，布满血丝的眼睛眯起来好在烟雾中看得更加清楚。大厅里钟表的滴答声清晰可闻。

背光而立的男人将双手慢慢举过头顶，抬头看了一眼自己的右手，对观众说："这是一只手。"他停顿了一下，然后望向自己的左手："这是另一只手。"说完他将目光投向远处，不再说话，但是两只手仍然高高举过头顶。

观众席上每个人都在眨巴眼睛，每个人都屏气凝神……几秒钟过去了……突然，整个大厅像充过头的气球一样炸裂开，人群哄堂大笑。

有人笑得眼泪都出来了，有人笑得捂紧了肚子，有人笑得在座位上前仰后合。有人开始鼓掌，看到是自己的双手在做鼓掌的动作，他们笑得更欢了。有人忍不住对左邻右舍表示："他实在是太有常识了。"有人点头赞许，但也有人皱起眉头斥道："这简直是废话嘛！他疯了吗？"

观众席上还传来某个人的叫喊声："你说的不对！完全不对！"有几个人陷入沉思，坐在角落里的一位老绅士兀自沉睡，嘴角有一线口水滴落下来。

解释学问题：你认为这个故事里到底发生了什么事？

深入思考题：

❖ 那个人为什么要举起自己的双手告诉我们那是什么？

❖ 观众为什么会有那些反应？

❖ 讲话的人会是什么人？

❖ 他会是在什么地方？

❖ 这件事情的目的会是什么？

举手演讲的人正是英国哲学家乔治·爱德华·摩尔（G. E. Moore），观众也全都是哲学家。他曾经写过一篇探讨怀疑论的论文，上述故事就是根据这篇文章编撰出来的。怀疑论对我们是否能够认识事物以及是否能够确知世界的存在提出质疑，摩尔在文章中表示质疑世界的存在就像质疑我们双手的存在一样荒谬。确实，这真的是非常荒谬。

将时间再往前推三百年，被后人称为“现代哲学之父”的笛卡尔（Ren é Descartes）用最极端的怀疑来测试自己的知识是否站得住脚，这就像是炸飞一幢建筑来测试其牢固程度一样。他想要知道到底有什么是自己能够确知的，与此同时他也警告人们这样的事情一生中只能做一次。

笛卡尔最后得出结论：他能够确知的只有一件事，那就是“我思故我在”，思想之外的一切都值得怀疑。

梦境中的一切似乎都是真的，但是我们知道这并非实情；因此，或许我们所相信为真的一切实际上也只不过是一个无法逃脱的巨大梦境，或许我们的一切体验都只不过是某个邪恶力量对人类可塑性极强的大脑进行操纵后所产生的幻觉。我们真的能知道自己未被玩弄于股掌之上吗？知道自己身处的这个世界并非精心设计的骗局？这种念头真的是毋庸置疑的吗？

笛卡尔认为，如果我们不信上帝的话，那么这些并非毋庸置疑，答案也并非理所当然。既然可以质疑世界的存在，那么世界也就可以是不可知的，我们唯一能够确知道的是：我们自己独特的思维是存在的，而除此之外的一切均不确定、均属未知（我们不能怀疑自己正在思考，因为怀疑本身就是一种思考）。

摩尔则想要绕过这种怀疑论的观点，认为自己能够证明世界的存在，因为他拥有双手这一点是毋庸置疑的，而双手则是这个世界的一部分。笛卡尔对如此明显的事实加以否认无疑是愚蠢的。于是，摩尔举起自己的双手给人看，实际上是在说："你们看！这个世界是存在的！我知道这一点，因为我的双手是存在的。我知道自己的双手是存在的，因为它们就在这里。"

"他实在是太有常识了。"

- 你有没有说过知道自己有两只手？你有没有使用过这个常识？
- 有没有什么常识是无用的？

"这简直是废话嘛！他疯了吗？"

- 摩尔说的是疯话吗？
- 会有人说"我知道自己有两只手"吗？这句话有意义吗？
- 你能够反驳怀疑论吗？

"你说的不对！完全不对！"

- 摩尔知道自己有两只手吗？
- 摩尔有手是否为毋庸置疑的事实？

任务问题 1：上述三种反应你最认同哪一个？

深入思考题：

- 这个故事的背景知识是否改变了你的看法？

❖ 这个故事的背景是否让情节更容易 / 更难理解？

❖ “我知道自己有两只手”与“我什么都不知道”这两种观点哪一个看上去更傻？

任务问题 2：怀疑世界的存在可能吗？

深入思考题：

❖ 怀疑世界的存在是疯话吗？

❖ 怀疑世界的存在理智吗？

❖ 从道德上来说，怀疑世界的存在有错吗？

❖ 我们是否有很多信念都是毋庸置疑的？

❖ 如果我们无法怀疑某件事情，那么这是否意味着我们对其一无所知？

❖ 我们知道世界是存在的吗？

❖ 我们需要知道世界是存在的吗？如果我们不知道的话，这有关系吗？

❖ 怀疑世界的存在危险吗？

❖ 世界的存在是已知的、未知的、还是不可知的？

❖ 世界有可能不存在吗？

逻 辑

我们必须活在这种困惑里，并将其视为生存之根本。

理查德·普瓦里耶（Richard Poirier）

可将下列对话复印分发给学生。

父亲对儿子说：“儿子，我有句非常重要的话要告诉你，一定要听好记住了：永远都不要相信任何人、不要相信任何事。”

“为什么？”儿子问。

“因为人老是说谎或者犯错误，不管他们说什么，反着听更有可能是对的”，父亲循循善诱道。

“那你呢？我能相信你吗？”

“不能，你连我也不能信。”

“那就是说你的话我应该反着听咯？”儿子问道。

“是的，没错。”

“可是你说我不应该相信任何人，这不就是说我应该相信所有人吗？”

“是的，没错”，父亲赞许地点头。

“既然你说这样做没错，那不就是说这样做错了吗？”

“没错，是这样。”

“那就是说我实际上不应该相信任何人？”

“当然啦！永远都不要相信任何人。”

“那我也不应该相信你说的话咯？”儿子问道。

“没错，我的话也不能信”，父亲回答。

“你说不能信你的话，那就是说我应该信你说的话？”

“儿子，你完全听懂我的意思了。”

起始问题1：这是个好建议吗？

深入思考题：

❖ 告诉别人既要做某件事又不要做这件事，这种建议永远都是不好的建议吗？

❖ 令人困惑的建议会是好建议吗？

❖ 建议最好简洁明了吗？

❖ 有什么事情是越简单越好的？

❖ 有什么事情是越简单越糟的？

❖ 有可能完全听懂那位父亲的建议吗？

以下有两段对话，请学生分角色朗读比单纯阅读的效果更好。

以下对话中，女被告因被控谋杀其丈夫而出庭受审。

律师：你丈夫被害那天晚上你在哪里？

被告：我在布里斯托我姐姐家里。

律师：你一整天都待在那里吗？

被告：不是，我下午才到。

律师：从卡兹登你自己家里出发的吗？

被告：是的。

律师：到达时间大约几点？

被告：大约四点半。

律师：从卡兹登到布里斯托开车要多长时间？大约一个半小时？

被告：差不多。

律师：就是说你离开家的时候大约三点钟？

被告：是的。

律师：你是医生，对吗？

被告：对。

律师：那一天是星期天，第二天你没去牛津上班吗？

被告：我去上班了。

律师：那你为什么还要去布里斯托住在姐姐家里？这段路不算太短啊。

被告：我和丈夫吵架了，所以不想待在自己家里。

律师：所以你最后一次见你丈夫活着的时候是在吵完架以后？

被告：是的。

律师：你当时是不是很生气？

被告：是的。

律师：然后你就开车去了布里斯托姐姐家？

被告：是的。

律师：那天是个下雪天，对不对？

被告：对。

律师：下雪天在卡兹登开车感觉怎样？

被告：不容易。

律师：那天的积雪有多厚？

被告：大约两英尺厚。

律师：这种情况下开车肯定非常艰难。

被告：是的。

律师：所以你当时情绪激动，路面积雪有两英尺厚。你和平常一样只用了一个半小时就到了你姐姐家，你是怎么做到的呢？

被告：我出发的时候雪还没有下大。

律师：你刚才不是说积雪有两英尺厚吗？

被告：是的，可我没说是在卡兹登，我说的是我姐姐那里的积雪。

律师：好，然后你到姐姐家的时间是大约四点半。

被告：是的，好像是吧，可能更接近五点半吧。

律师：那时候天肯定已经很黑了吧。

被告：是的。

律师：你丈夫被害前一个星期你是不是因为车前灯不亮所以收

到过一张罚单？

被告：……是的，是这样的。

律师：你开车去布里斯托的时候车灯修好了吗？

被告：……没有。

律师：这就是说你开车去姐姐家的时候情绪低落，外面下着大雪，天色很黑而且车前灯还不亮，我说的对吗？

被告：我出发的时间应该更早一些，有可能是两点钟左右。

律师：你刚才不是还在庭上说三点钟离开家的吗？

被告：是的。

律师：所以你是在两点钟和三点钟的时候离开家的，也就是说两点半的时候你既在卡兹登又不在卡兹登，对吗？

被告：我不确定。

解释学问题 1：你相信被告的证词吗？

如果班级讨论的话题此刻并不集中，可重点关注律师的最后一个问题，就律师的推理是否有问题进行提问并进一步引导学生

得出“不矛盾律”（the law of non-contradiction），即某个命题与其否定命题不可同时为真，否则即为自相矛盾。告诉学生这是一个逻辑定律，是进行推理的前提条件，但我们暂时将其视为一个假设。亚里士多德认为矛盾非真且不可知。你可以检验一下亚里士多德的观点是否正确，请学生回答律师的推理在什么样的情况下能够成真。

第二段对话涉及同样场景，但律师提问的方向有所改变。

律师：你丈夫被害那天晚上你在哪里？

被告：我在布里斯托我姐姐家里。

律师：你一整天都待在那里吗？

被告：不是，我下午才到。

律师：从卡兹登你自己家里出发的吗？

被告：是的。

律师：你为什么要去姐姐家？

被告：因为我跟我丈夫吵架了。

律师：你们为什么吵架？

被告：他几个月来一直在说要搬家，要去国外生活。我不想出国。

律师：你丈夫是个什么样的人？

被告：很难相处。

律师：哪些方面难相处？

被告：为人固执、骄傲自大；老是觉得很羞耻。

律师：因为什么感到羞耻？

被告：不知道。

律师：你丈夫酗酒吗？

被告：他不酗酒，但是喝酒。

律师：喝太多了吗？

被告：喝太多了。

律师：喝太多是什么意思？

被告：就是说喝多了就会找人吵架，他脾气又急，一说起来就没完没了。

律师：他会说什么？

被告：他会把好多事都怪到我头上，事业上不如我成功，不懂得欣赏他。

律师：你爱你丈夫吗？

被告：爱。

律师：你的丈夫喝酒，经常发脾气，攻击你的人格，但你还是爱他。

被告：……

律师：他和你姐姐相处得好吗？

被告：不好。

律师：为什么不好？

被告：我姐姐从来就没有相信过他。

律师：他们二人之间有金钱上的纠葛吗？

被告：……是的。

律师：是什么？

被告：我姐姐有一家规模不大的电影制作公司，公司业务不是很好，所以需要借钱。我的钱不多，我丈夫拒绝帮忙。

律师：这家公司后来怎么样了？

被告：破产倒闭了。

律师：你对你丈夫的坐视不管怎么想？

被告：我恨他。

律师：你恨你的丈夫？

被告：是的。

律师：他喝酒、跟你吵架的时候你也恨他吗？

被告：我一直都很恨他。

律师：你一直都很恨你的丈夫？

被告：是的。

律师：但你刚才不是还在庭上说你爱他吗？

被告：是的。

律师：请你说清楚一点，你到底是爱你的丈夫还是恨他？

被告：既爱他也恨他。两样都是。

律师：你既爱你的丈夫又恨他？

被告：是的。

解释学问题 2：你相信被告的证词吗？

深入思考题：

❖ 爱与恨是矛盾的吗？

❖ 恨是爱的否定形式吗？爱是恨的否定形式吗？

❖ 如果是的话，那么是被告在说谎还是不矛盾律有误呢？

❖ 你可以恨自己的所爱或者爱自己的所恨吗？

❖ 为什么这段证词有可信度而前一段证词不足信？

❖ 情感和信念是否遵循不同的逻辑定律？

❖ 情感能够与信念分离吗？

如果学生的观点开始的时候不集中，请他们重点讨论律师的最后一个问题，思考这个问题在脱离上下文的情况下是否能够成立、与前一段对话的最后一个问题在逻辑上是否有相似之处、是否与假设性的“不矛盾律”相悖。

任务问题1：某个命题有可能既对又错吗？

深入思考题：

❖ 世界是有秩序的吗？是组织严密、有条不紊的吗？是合情合理的吗？

❖ 我们能将世界严格区分成对与错吗？

❖ 对与错之间的界限是绝对的还是模糊不清的？

❖ 某种情感是否能够与其对立面同时存在？

❖ 相信矛盾的存在可能吗？

这些任务问题看上去似乎与之前的解释学问题重复，实际上任务问题的关键是用已经有的想法对矛盾的逻辑状态形成一个总体观点，是将重点从小范围转到一个更大的范围。此外对哲学来说，重复一般都不是问题，就算你在同一个班级上学习同样内容的课程，几次的结果总是会有所不同。这是因为大脑活动的不确定性，也因为口语表达的随意性。思想一旦形成文字固定下来就会变得正式、神圣起来。

也可以进一步思考以下问题：

❖ 一件事可以既是又非吗？

❖ 一件物体可以既存在又不存在吗？

❖ 相信某件你不信的事情可能吗？

❖ 一支球队可以在一场比赛中既赢又输吗？

❖ 一个人可以既饱又饿吗？

如果在讨论矛盾的时候引入“说谎者悖论”应该会非常有趣。在黑板或白板上写这样一个句子：“这句话是错的”，然后问大家这句话是对还是错。如果“这句话是错的”是错的，那它就是对的；如果“这句话是错的”是对的，那它就是错的。所以学生有时最后得出的结论是这句话既对又错；有时认为这句话既不对也不错，因为它无意义。

请想象一下这样一个场景：有位候选人竞选下一任首相，有记者请她描述一下对生活的个人感悟，她是这么回答的：

我信上帝但认为每个人都很孤独。

我什么都不怕但总是会躲躲藏藏。

我相信战争但是反对暴力。

我想取悦他人但也想自由。

我想要安全但是也想冒险。

我是个善良的人但并不在意别人。

我对朋友很好但经常对他们说谎。

我主张分享但认为别人在利用你。

我喜欢财富但不喜欢要什么就有什么。

我希望一切维持原样但也想全都改变。

我认为人与兽无异但也认为人有灵魂。

我知道很多很多但也几乎一无所知。

我信人人平等但也觉得自己优于常人。

我认为家人很好但也觉得家庭即地狱。

任务问题 2：这些表述会让她成为一个令人反感的竞选人吗？

深入思考题：

❖ 政治人物你更喜欢他们前后保持一致还是说话自相矛盾？

❖ 前后不一致是件坏事吗？

❖ 保持前后一致可取吗？

❖ 有可能做到绝对的前后一致吗？

❖ 我们的大脑是一个统一的整体吗？

❖ 保持一致与变化兼容吗？

❖ 前后不一会破坏信任吗？

❖ 与情感上的前后不一相比，信念上的不统一更糟糕吗？

❖ 如果人类大脑是外部世界的反映，那么它是协调统一的还是前后矛盾的？

❖ 上面那段独白文字前后矛盾吗？

无所不知的人类

世间万事万物全都和谐统一，这种根深蒂固的认识就是妄想症的开始。

戴维·特洛特（David Trotter）

起始问题：什么是科学？

深入思考题：

❖ 科学是一种方法？

❖ 科学是一种神话？

❖ 科学是一种看世界的视角？

❖ 科学是一种权威？

❖ 科学是一所机构？

❖ 科学是一种宗教？

❖ 科学是真理？

❖ 科学的目标是什么？

苏格兰科学家开尔文男爵（Lord Kelvin）当初说出那句话的时候真的认为自己是对的。从十六世纪到二十世纪，人类仅在物理学领域就取得了巨大的成就：哥白尼提出太阳系的中心是太阳而不是地球；开普勒发现了行星的运动定律；牛顿提出了运动定律和万有引力，发现作用在从树上掉落的苹果、运动中网球上的那些力也同样作用于恒星和行星上；人们看到光的运动就像波浪一样；麦克斯韦用电磁场理论将电学、磁学、光学统一起来。

鉴于人类取得了如此辉煌的成就，于是开尔文男爵在二十世纪初大胆地预言道：“现在物理学已经不可能再有新的发现了。”

但是他话音刚落，几十年后物理学便迎来了又一次革命。开尔文的大胆预言并没有让科学界停止前进的脚步：整个宇宙仍在不断地膨胀，银河系只是为数众多的星系中的一个，宇宙大爆炸理论，爱因斯坦推翻了牛顿关于空间和时间的理论，光既是波浪也是粒子，$E = mc^2$，更不用说那个光怪陆离、捉摸不定的亚原子世界了。

看来开尔文男爵当时说那种话确实有点儿言之过早啊！

任务问题 1：科学会有终结吗？

深入思考题：

❖ 科学会因为人类理解力有限而告终结吗？

❖ 科学会因为人类理解力无限而告终结吗？

❖ 科学有进步吗？

❖ 科学给我们的是知识还是可能的信念？

❖ 科技会永无止境地发展下去吗？

❖ 医学会有终结吗？

❖ 科学解释世界还是阐释世界？

❖ 宇宙无限复杂吗？

物理学一直都在追求简洁与优雅。牛顿的万有引力定律简洁明了地告诉我们：作用于我们日常所见万事万物的引力也同样作用于我们目力所不及的外太空中那些恒星和行星。牛顿将我们的日常体验与对外太空和天堂的理解统一起来，让我们知道：同一种力掌控着整个宇宙。

詹姆斯·克拉克·麦克斯韦（James Clerk Maxwell）所做出的贡献也有类似之处。他发现了电与磁之间的联系并将其合并成为一种力：电磁力。于是，物理学在大一统的道路上又向前迈进了一步。

今天，物理学家相信有四种力掌控着宇宙间的万物：万有引力、电磁力、强核力（将原子的核子结合在一起的力）、弱核力（放射性现象背后的作用力）。但物理学家们仍执着于对大一统的追求，想用一个理论将这四种力统一起来。到目前为止，他们已经成功地统一了除了引力之外的其他三种力。

量子力学研究物质世界微观粒子的运动规律，即电磁力与强弱核力。但是根据量子力学的理论，宇宙的运行方式非常奇怪，而微观世界则具有随机性和模糊性。

在肉眼可见的物质世界里，我们还能准确计算出物体的运动轨迹。举例来说，如果我们想要发射一枚炮弹，那么这枚炮弹的落点是可以准确计算出来的。但是在微观世界里，我们只能计算电子这个级别粒子的运行概率，如果是更小的粒子，那我们的认识就跟掷骰子游戏没什么区别了。

我们的万有引力理论即“广义相对论”，所描述的世界里全都是像炮弹和恒星这样的大物体。如果说量子力学所研究的世界闪烁不定、一片混乱，那么广义相对论所研究的世界则是有迹可寻、整洁有序。这样看来，微物质世界与大物质世界似乎完全不同，看上去就像是两个完全不同的世界，但实际上它们的研究对象全都是同一个世界，这真是件令人困惑的事情。

于是物理学家们想要找到一个放之四海而皆准的理论，一个能够完美融合所有自然法则的理论，一直都在努力地想要将广义相对论与量子力学统一起来，但到目前为止并没有成功。这个任务的难度等同于让美国自由爵士乐大师奥奈特·科尔曼（Ornette Coleman）和莫扎特一起即兴演出。

有些物理学家对现状很不满意，认为宇宙必须是统一的整体，所有的力都必须协调一致，能够完美解释万物的理论一定是存在的。当然，宇宙不可能既优雅有序（如广义相对论所说）同时又杂乱无章（如量子力学所述）。宇宙一定是和谐统一的，必须是说得清道得明的。

任务问题 2：宇宙必须是说得清道得明的吗？

深入思考题：

- ❖ 如果宇宙说不清道不明才合情合理，这么说有道理吗？
- ❖ 说不清道不明有什么问题吗？
- ❖ 优雅有序是优点和美德吗？
- ❖ 有可能做到一次性弄清所有问题吗？
- ❖ 宇宙是统一的整体吗？
- ❖ 我们能发现万物皆适用的理论吗？

鉴于上述讨论内容较为抽象，找一些图片作为补充资料会对阐述观点有所帮助。用谷歌搜索“广义相对论”可以找到很多关于物体弯曲时空以及炫目几何图形的图片。重点放在宏观世界和微观世界之间的差别上，因此也可以用音乐的形式进行阐释，先播放莫扎特的“第二十五交响曲”代表广义相对论，然后播放美国先锋派古典音乐作曲家约翰·凯奇（John Cage）的“变化的音乐”（Music of Changes）代表量子力学。

英国数学物理学家罗杰·彭罗斯（Roger Penrose）认为，如果一个理论无法解释人类的意识，那么这个理论就不可能解释一切。他表示，一个无所不包、无所不能的理论应该能够解释像人类大脑这种由原子构成的物体如何产生体验与感受，应该能够告诉我们一堆无感的物质是如何生成情感与感觉的。

但有些哲学家却认为人类永远无法认识自己的意识，认为任何理论都无法对意识进行解释，我们只不过是适应生存环境并得以进化了的动物而已，人类的智力之所以能够进化完全是为了保证我们继续生存下去、为了解决周围环境中迫在眉睫的问题、为了烹煮食物以及生产青霉素。在地球上生活与生存塑造了人类的大脑及思维能力，所以人类无法理解现实的本质，无法解开意识之谜。我们是长着犬齿和对生拇指的无羽类两足动物，就像蚂蚁永远写不出交响乐一样，人类也永远无法完全彻底地弄懂这个世界，因为这是我们力所不能及的领域。

任务问题 3：人类是否缺少完全彻底弄懂这个世界的智力？

深入思考题：

- 我们是否需要超越自己去弄懂现实？我们能做得到吗？
- 是否会有自然生物完全懂得这个世界？
- 我们的智力是否只是一种生存工具？
- 知道一切是件好事吗？
- 现实是否真的存在？
- 如果我们完全弄懂了这个世界，我们的生活会有所不同吗？
- 我们对这个世界的了解比蚂蚁更多吗？
- 蚂蚁为什么不写交响乐？

事实与观点

我只知道我所信的。

托尼·布莱尔（Tony Blair）

我教的学生中有个班级认为真理仅存在于“硬科学”之中，而其他一切存在争议的均属观点这一范畴。于是我为他们撰写了这篇文章，其中有一部分内容属于哲学范围，同时也回答了关于私人与公共之间的界限、宽容的限度、冲突的边界，以及争论的价值等一系列问题。

解释学问题：“每个人都有权表达自己的观点”，这句话是什么意思?

起始问题1：我们是否有权自行认定什么是事实?

通过学生的回答明确“事实”与“观点”的定义，提问他们如何对事实进行证明、事实是否永远都可以得到证明、是否能够对观点进行证明。

1、“我知道杀人是不对的。”

2、“我相信杀人是不对的。”

3、“我认为杀人是不对的。”

起始问题2：你会使用上面三种表达中的哪一种?

通过他们的回答厘清这三个词的不同含义：“知道”、“相信”、“认为”。区分这三个词的要点分别为：“知道”暗含真理的意思，因此是客观的；“相信”流露出对某个客观事实的怀疑，而“认为”所表达的是主观的观点。此外，“认为”也有可能是谦卑、宽容或懦弱的表现，“知道”则表达了坚定的信心、傲慢的态度或者正当的理由，而“相信”则暗含信念、怀疑或个人情绪。

请把下面五个一组的陈述分别归入“事实”和“观点”两大类别。这里需要特别指出的是，“虚假事实”应归为“事实”一栏。

1、“水是 H_2O。”

2、“菜花很讨厌。”

3、“首相正在毁掉这个国家。”

4、“我认为首相正在毁掉这个国家。”

5、“爱因斯坦是天才。”

任务问题 1：以上五个陈述分别属于“事实”和“观点”中的哪一类?

1、“宇宙始于大爆炸。”

2、“太阳明天会升起。”

3、“杯子里只有半杯水。”

4、“希特勒对世界是有贡献的。”

5、“只有我是存在的。”

任务问题 2：以上五个陈述分别属于“事实”和“观点”中的哪一类?

1、“羞辱他人是不对的。”

2、“追求财富是人生一大目标。”

3、“不分肤色、性别、国籍，人人生而平等。”

4、“我的祖母是个真正了不起的女人。”

5、“上帝是存在的。”

任务问题 3：以上五个陈述分别属于“事实”和“观点”中的哪一类?

应该允许甚至可以鼓励学生提出第三个（或者更多）类别，因为他们有可能会发现“事实”与“观点”这两个类别并不足以涵盖各种不同性质的陈述。

物体与本质

你说，你知道你是怎么知道别人在说谎的吗？他们每次说话的时候都言之凿凿，滴水不漏。

西尔伦·卡森（Ciaran Carson）

走在城市高耸天际线的阴影里，你看到一扇门，推门进去沿着一条弯弯曲曲的走廊来到一扇窗前。你探身出去细细查看，窗户下面有一个房间。于是你迈过这扇窗，飞身跃下，落在房间的地面。环顾四周，你这才发现这个房间着实奇怪：这里没有一件物体，空空荡荡的什么东西都没有。

起始问题：这个房间里有什么？

深入思考题：

- ❖ 房间里有空气吗？
- ❖ 房间里有热量吗？
- ❖ 房间里有光吗？
- ❖ 房间里有时间吗？
- ❖ 房间里有空间吗？

任务问题1：什么叫物体？

回答这个问题的时候你可以暂时采用某个学生的答案，让全班同学先讨论这一定义，让他们思考并提出反例（即该定义没有涵盖的物体或者列举符合定义但并非物体的例子）。学生提出反例之后可以要求他们对原来的定义进行相应的修改，然后再提出反例，继续修改、补充定义。

以下列举了一些较为常见的反例：

❖ 空气是物体吗？

❖ 过去是物体吗？

❖ 梦是物体吗？

❖ 恐惧是物体吗？

❖ 火是物体吗？

❖ 宇宙是物体吗？

❖ 生命是物体吗？

❖ 单词是物体吗？

❖ 日子是物体吗？

❖ 光是物体吗？黑暗是物体吗？

❖ 音乐是物体吗？

❖ 香草的味道是物体吗？

❖ 咖啡的香味是物体吗？

❖ 虚空是物体吗？

❖ 上帝是物体吗？

除了对这些不同的“物体”进行形而上学的有趣讨论之外（如果有学生将“物体”定义为能够打破、切断的东西，可以花点时间讨论为什么会“抽刀断水水更流”），要引导学生进一步思考“物体”这一词汇在含义上的模糊性并引出下一个任务问题：

任务问题 2：是否有哪个单词具有非常清晰、明确的含义？

深入思考题：

❖ 是否大部分词汇的含义都是含糊不清的？

❖ 世界是否可以划分成界限清晰、明确的个体？（可以要求全班同学把自己口袋里的东西全都拿出来数一数到底有多少个，让他们自己思考这个问题的答案是简单明了还是极富争议？）

❖ 世界是模糊不定的吗？

❖ 我们有可能做到完美的沟通吗？

❖ 字典是否能够证明语言具有清晰、明确的含义？（可以在字典上任选一个单词，将这个单词的定义读给全班同学听，让他们讨论这一定义是否涵盖了单词的全部意思）

❖ 我们需要用单词来定义单词，你从中是否能够发现什么哲学意义？

二十世纪初期，哲学家开始思考所谓的哲学困惑是不是个笑话，是不是有人或者有什么东西在戏弄他们，把他们往死胡同里引或者让他们不停地原地转圈。他们弄不明白，为什么哲学经过几千年的发展最后绕了一大圈总是会回到原来的起点？为什么总是无法取得真正意义上的进展、实际上并没有解决任何问题？他们认为这一永恒的困境并非源于人类所面临的问题太难以理解，而是因为人类处在一个永远都无法摆脱的陷阱里，因为戏弄他们的罪魁祸首就是语言本身。

语言是哲学困境的根源所在，因为我们的大部分文字都缺少清晰明确的界限和定义。当我们想要准确理解或使用这些文字的时候，我们会发现自己不由自主地陷入了一片含义模糊的迷雾。仅看其表面，语言似乎井然有序，但这只不过是个骗人的假象，实际上语言中陷阱密布，让人无法逃脱纠缠。哲学家致力于追求清晰与明确，但鉴于他们所使用的媒介是语言，而想要从语言中获得不打折扣的明确性，那简直比攀登瀑布或者套住白云还要困难！

对语言有了这样的认识以后，哲学家们认为一直以来想要解决的那些哲学问题实际上全都是虚幻的海市蜃楼和文字游戏。什么叫思想？我们是否知道世界是存在的？美是真实的吗？他们认为所有这些问题都是“伪问题”，于是逻辑实证主义者开始尝试从规管语言入手避免这些“伪问题”，要求我们在使用语言文字的时候尽可能做到精准明确，并将无法准确达意的陈述称为“伪陈述”。

而有些哲学家干脆做得更加彻底，认为避免歧义与误解的最佳方式就是发明出一种全新的理想语言。英国哲学家伯特兰·罗素（Bertrand Russell）表示通用语言逻辑性不强，这位数理逻辑学家甚至担心数学的逻辑性也不是很充分，所以为了避免错误与混乱需要创造一种在逻辑上堪称完美的语言。这种语言既不会含糊不清也不会造成理解上的歧义，每个词汇（或“符号”）均有确定无疑的清晰含义。没有这样一种结晶体般纯化的语言，人类想要认识这个世界的一切努力都将在语言的不确定性与无意义中化为乌有。

任务问题 3：我们能发明出一种绝对精准的语言吗？

深入思考题：

❖ 我们是否需要一种更加精准的语言？

❖ 语意含糊与歧义是个问题吗？

❖ 语意含糊与歧义是否不可避免？

❖ 语言是否会影响我们对世界的理解？

❖ 人类可以发明语言吗？英语是谁发明出来的？

❖ 罗素认为“语言的主要任务就是确认或否认事实”，你同意他的观点吗？

❖ 语言的主要任务是什么？

❖ 我们需要使用比喻，这是否说明语言在表达和描述上力有不逮？

消失的文字

我们对语言的不忠只不过是在重复我们对所有共同承诺的背叛。

斯坦利·卡维尔（Stanley Cavell）

请想象一下，在大英图书馆如蛛网般密布的地下仓库里藏着一本秘籍，这本书拥有巨大的魔力，因此没有人能够拿到它。

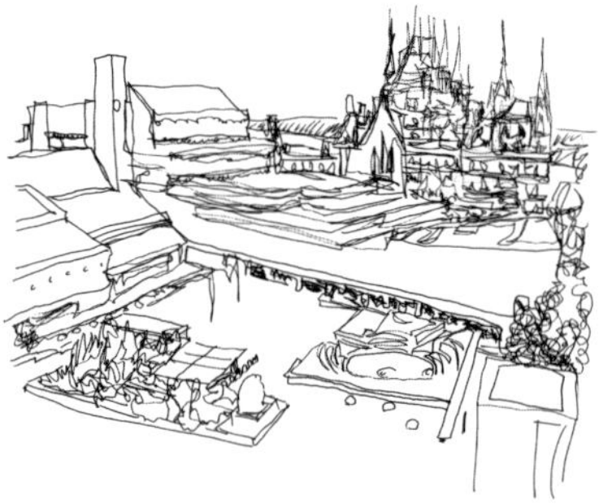

很多年以前，政府曾经想过要为了所谓的公众利益启用这本书，但经过慎重考虑还是放弃了。因为他们无法预估启用秘籍所产生的后果，无法估算这一行为会导致哪些可能的结果。鉴于无法直接摧毁秘籍，政府做了周密的安排：永远封存了这本秘籍。存放这本书的保险箱能够自设密码，任何人都无法破解。从那以后这本秘籍再也没有见过天日。

这本书实际上是一本字典，是语言的终极秘密所在，与世界上每一本书、每一本字，以及每个人的大脑和思想都有神秘的联系。字典上的每个词条都是用铅笔写的，如果擦掉其中任何一条就会在全世界每本书、每本字典、每个人的头脑中，以及人类的集体记忆中完全、彻底地抹掉这个词，这也是为什么当初政府不能直接销毁这本秘籍的原因。

人类最近一次阅读此书时发现了一些空白的地方，还能依稀看到上面的铅笔印和橡皮屑。毫无疑问，历史上肯定有人动过这本书，但是究竟有哪些词条被人用橡皮擦掉了呢？我们永远都无法知道答案了。

假如有一天这本书落到了你的手里，你想把“真”这个字擦掉，于是手起橡皮落，“噗”的一声，这个字就消失不见了。

起始问题 1：还有哪些字会跟着一起消失？

深入思考题：

❖ 有哪些字只有和“真”相关才有意义？

❖ 是否每个字都与其他所有字密切相关？

任务问题 1：没有了这个字以及与其相关的那些字以后，这个世界会变得更好吗？

深入思考题：

❖ 没有这个字这个世界会有所变化吗？

❖ 文字是否影响我们的思维方式？

❖ 文字是否影响我们的行为方式？

❖ 文字不能做什么？文字的能力有限制吗？

❖ 能够用其他文字表达“真”吗？

将“真”从书上擦掉以后，你继续翻看其他词条，然后你的目光停留在“爱”这个字上。于是你再次拿起了橡皮……

起始问题 2：还有哪些字会跟着一起消失？

深入思考题：

❖ 有哪些字只有和“爱”相关才有意义？

任务问题 2：没有了这个字以及与其相关的那些字以后，这个世界会变得更好吗？

深入思考题：

❖ 我们会成为文字的奴隶吗？我们会被文字束缚吗？

❖ 语言描述我们的体验还是塑造我们的体验？

❖ 能够用其他文字表达“爱”吗？

❖ 就算人们从来没有听说过“爱”这个字，他们还是会坠入爱河吗？

起始问题 3：你会从书上擦掉哪些字？哪些字会跟着一起消失？

深入思考题：

❖ 有没有什么文字被你抹掉之后其他所有文字都会随之消失？

任务问题 3：没有了这个字以及与其相关的那些字以后，这个世界会变得更好吗？

提问的过程中有可能会听到各种各样的答案，可以对这些回答逐个进行讨论。如果还有时间，请大家思考是否有些东西无法用语言来表达、我们的语言是否有所缺失、有哪些词汇最有可能被抹掉。每个人都有找不到合适的语言表达自己的体验，从某种意义上说，这算不算是抹掉文字的结果？你认为那本秘籍里被抹掉的文字多还是保存下来的文字多？此外你还可以引用维根斯坦（Wittgenstein）的那句名言：“凡不可言说者当以沉默待之”，请学生思考这句话是什么意思以及与本文有什么关系。

最后你可以请他们思考这样一个问题：

任务问题4：如果把整本书都付之一炬会怎样？

深入思考题：

- ❖ 那我们还能思考吗？
- ❖ 我们还能知道什么吗？
- ❖ 我们还会有联系吗？
- ❖ 我们对这个世界的体验会发生改变吗？

关于“新”的思考

必须谦卑地承认，发明并非无中生有，而是源自混沌。

玛丽·雪莱（Mary Shelley）

二十世纪三四十年代，画家汉·凡·米格伦（Han van Meegeren）因伪造十七世纪荷兰著名画家约翰内斯·维米尔（Johannes Vermeer）的作品而成为百万富翁。

凡·米格伦刚开始的时候也是一位出色的画家，1917 年第一次个人画展就很成功，收获了不少正面的评价。但他五年后举办的第二次画展却未能得到多少表扬，当时有位评论家对他的评语是：“一位有天赋的技师，想方设法综合了文艺复兴流派的特点，极具才华，独缺创意。”

凡·米格伦认为现代艺术的浮夸与幼稚使其作品未获应有的地位，正如他后来回顾这段历史时所说的那样：“当时对我的作品很少认可与赞赏，所以我陷入焦虑，情绪十分低沉。于是在那个命中注定的日子，我决定报复那些艺术评论家和专家，决定做一件从来没有人见过的事情。”如果无法凭自己的作品赢得赞赏，他决定戴上早期绘画大师的面具，利用欺骗手段取得成功。

于是，凡·米格伦开始利用科学技术和专业技能试验各种将新画做旧的方法，终于找到一种行之有效的做旧方法，用酚醛树脂和烤炉成功将全新的画作变成三百年前的老古董。他借用卡拉瓦乔耶稣最后晚餐的主题，创作出《在伊默斯的晚餐》并署上维米尔的大名，这成为他一生中最著名的一幅赝品。

1937 年，凡·米格伦将这幅画交给亚伯拉罕·布雷迪乌斯（Abraham Bredius），希望这位声望显赫的艺术史学家能够将其鉴定为真迹。结果布雷迪乌斯不仅认定此画为维米尔亲手绘制，而且将其评为维米尔所有作品中最伟大的杰作。后来博伊曼斯美术馆以六百万美元买下这幅画，并将其放在“欧洲艺术 400 年”馆藏珍品展的中心位置。直到今天，这幅画仍挂在该美术馆的展览大厅里。

虽然也有不少人对这些“维米尔真迹”表示过怀疑，但这件事后来之所以被公众得知是因为凡·米格伦自己亲口承认画作造假，而他之所以这么做完全是为了保命。

凡·米格伦有一副伪作几经换手最后十分不幸地被纳粹部长赫尔曼·戈林（Hermann Göring）收藏。二战结束以后，盟军艺术委员会负责将纳粹掠夺的艺术品物归原主，因追查出戈林藏品中的这幅珍品来自凡·米格伦，认定他将荷兰国宝级艺术作品交给敌人，因此以通敌罪逮捕了他。

这样一来，凡·米格伦面对两个选择，要么承认伪造罪名，要么承认叛国通敌。很显然第一个罪名较轻，所以他承认画作是自己伪造的。为了证明戈林的藏品不是维米尔真迹，法庭命令他再伪造一幅维米尔的作品。他这幅最后的伪作证明了自己的清白，同时也因为成功愚弄纳粹而赢得了“国家英雄”的声誉。

1947 年 11 月，凡·米格伦被判入狱一年。但因为常年的吗啡及酒精依赖使其身体变得十分虚弱，他仅服刑一个月就去世了。

任务问题 1：真迹与赝品哪一种更有价值？

回答这个问题的时候，请忽视凡·米格伦的画作看上去并不像维米尔的作品这一事实，假装这些赝品全都是完美无瑕的模仿作品。展示《在伊默斯的晚餐》的时候可以同时向学生展示几幅维米尔的真迹。

深入思考题：

❖ 原作比摹本更有价值吗？

❖ 模仿者是艺术家吗？

❖ 艺术家是否模仿现实？

❖ 艺术的价值仅体现在其外在表现还是包括其创造过程？

❖ 创造过程是否会改变其外在表现？是否会改变我们观看的内容？

❖ 艺术家创作的时候是否都带有自我伪造性质的固定艺术风格？

❖ 美国波普艺术领袖安迪·沃霍尔（Andy Warhol）模仿广告图片创作的《布利洛肥皂盒》是否应被视为伪作？他的作品是原创吗？

❖ 如果伪作是谎言的话，什么叫谎言？它是如何欺骗我们的现实感的？

请学生独立或分小组进行创作，创作方式可以是语言文字、音乐，或者戏剧，内容可以是原创绘画、写作，或者声音。挑选几个向全班展示，同时请大家思考以下问题：

起始问题 1：这个是百分百原创吗？

深入思考题：

❖ 艺术家是否像上帝一样？艺术家创造作品是否与上帝创造世界一样？

任务问题 2：百分百原创观点是否真的存在？

深入思考题：

❖ 思想是头脑的产物吗？

❖ 头脑本身也是一种产物吗？如果是的话，头脑的创造者是谁？如果不是的话，头脑是什么？

❖ 拉丁语 Ex nihilo 的意思是“无中生有”，从“虚无”中真的能够生出“有”吗？

❖ 网球选手学习别人的技巧这种做法不对吗？

❖ 剽窃这种行为不对吗？

法国哲学家让－雅克·卢梭（Jean-Jacques Rousseau）在自传中这样写道：“我与生平所见的任何人都不一样，甚至可以说与世界上所有人都不同。或许我不比别人好，但至少和他们不一样。”

解释学问题：卢梭有可能真的和世界上所有人都不一样吗？

深入思考题：

❖ 每个人是否都和别人一样？我们是不同版本的别人吗？

❖ 是否每个人都一样？人类是否是个体的复制？

❖ 有些人会比其他人更独特吗？

❖ 我们是创造的产物吗？如果是的话，谁创造了我们？如果不是的话，我们是什么？

❖ 不同是件好事吗？相同是件坏事吗？

任务问题 3：有什么东西是全新的吗？

深入思考题：

❖ 是否一切都与过去有关？过去是否塑造了一切？

❖ 是否一切都是其他事物的复制？

❖ 吃惊是新事物的表现吗？

❖ 今天是全新的吗？

❖ 一切永远都保持不变吗？

❖ 什么叫新？

自我

“我”

一个观点只要对我们的生活有利即为“真”。

威廉·詹姆斯（William James）

关于隐私

人并不总是手牵手一起走的。

弗吉尼亚·伍尔夫（Virginia Woolf）

英语中“监控”一词 surveillance 源自法语的 sur 与 veiller，意为“观察、监视”，虽然这个词最早出现在十九世纪，但人类被观察、被监视的历史源远流长。举例来说，《古兰经》中说我们无法在真主面前躲藏起来，圣奥古斯丁也表达过同样的观点，对上帝说“人没有哪个地方可以躲起来避开你”（这也是亚当和夏娃以亲身经验得到的领悟）。

现代社会的人们认为只有真主和上帝的监管显然并不足够，十六世纪德国的再洗礼教派声称人不仅在上帝面前不能躲藏，在同伴面前也不能躲避。在当时受再洗礼教派控制的明斯特镇，关门闭户是违法行为，每家每户都必须敞开大门，法律规定不准人们拥有任何隐私。

实际上，如果需要监控的不是个别城镇而是整个国家，难度还是挺大的。二十世纪的时候，苏联政府曾经想要严密监控全国一亿五千万公民，但是鉴于当时还没有监控录像和闭路电视，为了弥补科技手段的不足，政府将每个公民都变成移动相机，让大家互相监视。

在苏联，对任何犯罪行为知情不报都会被判定为违法。如果你偷听到邻居表达对政府的不满与仇恨但未向警察报告此事，最多会被判处入狱十年；如果你报告了此事则会受到表彰并被视为国家英雄。

此外，政府还雇佣普通人去监视别人，不论是医生、牧师，还是青少年，只要所处的位置合适、政府认为能够帮助他们打探到消息的全都收入囊中。如果你胆敢拒绝，等待你的就会是监狱或者天寒地冻的西伯利亚。就这样，通过把每一个人变成间谍，政府变得无处不在、无所不知，实现了全方位的监控效果。

今天，英国号称是全世界监控最严密的国家之一，据英国安防行业协会2013年发布的报告，保守估计全国范围内闭路电视摄像头的总量已达四百万，每个人平均每天都生活在300个摄像头的监控下。伦敦皮卡迪利广场的地下有一个机房里密密麻麻排满了监控屏幕，上面显示着伦敦市中心每一条街道每分每秒所发生的一切。

大部分学校也都安装了摄像头，甚至有越来越多的学校开始在洗手间和更衣室内安装闭路电视。

起始问题：我们需要监控吗?

深入思考题：

❖ 我们家里应该有监控吗?

❖ 我们的思想应该受到监控吗? 有哪些事情是我们不应该去想的吗?

❖ 隐私是否比安全更宝贵?

❖ 我们需要隐私吗? 我们是否为单独的个体?

❖ 有没有“太多隐私”这回事?

❖ 多少监控才是“太多监控”了?

❖ 为什么我们知道自己被人监视的时候会有不同的行为表现?

❖ 像脸书（Facebook）这样的社交媒体是否表明我们并不想要私人生活?

❖ 什么叫隐私?

回答上面最后一个问题的时候可以从比较“公共”与“私人”这两个概念入手。绑架与谋杀到底是公共事件还是个人的事情? 是否应该被当作新闻进行报道？在私人空间里法律是否不适用？如果说法律无处不在，这是否意味着我们永远都无法完全、彻底地享有隐私权？我们私下独处的时候是脱离了社会还是永远都活在社会里？隐私等同于脱离吗？隐私是否能让我们免受道德的约束？

进行大规模监控活动的社会在一定程度上寄望于通过监控了解生活在这里的公民。

那么让我们来设想一下。如果你在英国每天不是被 300 个摄像头监控着一举一动、一言一行，而是只需面对一个摄像头，但这个摄像头会如影相随，你走到哪里它就跟到哪里，能够看到你从出生之日起到今天所做的每一件事。

任务问题 1：如果有人看过这个摄像头记录下来的所有资料，他们就能了解你的一切吗？

深入思考题：

❖ 他们会比你的亲朋好友更加了解你吗？

❖ 他们会了解你的哪些方面？你有哪些事情是他们不会知道的？

❖ 如果他们能够重新播放你过去的一切、掌握你的全部历史，他们会比你自己更了解你吗？

❖ 人生中能够做到完全没有任何秘密吗？

❖ 有没有什么思想、情感、信念是我们不会通过行动表达出来的？

❖ 有没有什么是我们可以通过行动隐藏起来的？一个人能够做到一辈子都在假装吗？

任务问题 2：让别人完全了解你，这可能吗？

深入思考题：

❖ 他们如何才能做到完全认识和了解你？

❖ 完全认识和了解某个人是什么意思？

❖ 如果你不愿意的话，别人能够了解你吗？

❖ 别人会比你自己更加了解你吗？

❖ 如果别人完全了解你，那他们还会因为你做出什么事情而感到惊讶、震惊、困惑、愉快、感激、兴奋吗？

❖ 有没有什么人应该完全了解我们呢？

❖ 你的思想也是世界的一部分吗？

任务问题 3：我们能够做到完全了解自己吗？

深入思考题：

❖ 我们如何获得有关自己的认识？

❖ 我们会看错自己吗？

❖ 我们是否会有自己不知道的情感？

❖ 你并不了解自己的想法，这是可能的吗？我们会有自己并未意识到的想法吗？

❖ 我们应该完全了解自己吗？

❖ 如果我们并不了解自己，那我们应该为自己做的事情负责吗？

❖ 如果我们想要了解自己，那么我们需要了解自己的过去吗？

❖ 我们到底是未知的还是不可知的？

灵 魂

所谓灵魂，指的是被认为自身具有价值的人。

西蒙娜·薇依（Simone Weil）

你在一个国外的城市里无所事事，冷清的街道上寒气袭人。你口袋里空空如也，于是查看了一下地图，决定去科学博物馆里消磨时间。

博物馆位于一个十字路口，夹在宫殿和教堂中间。你走进去信步闲逛，漫不经心地浏览着那些动物标本和油漆脱落的行星模型。这时，你注意到一个缀满彩旗的小帐篷，里面坐着一个女人，帐篷上面有个标志牌，上面写着“科学史上最伟大的发现”几个大字。

女人面前放着一张空椅子，她看见了你，向你招了招手。怀着一丝好奇，你走过去坐在她面前。

只见她的胸牌上写着“科学哲学家”五个字。

“你好，科学哲学家。”

“你好”，她一边回答一边像狐獴一样挺直上身伸长了脖子。

“呃……科学史上最伟大的发现，那到底是什么？”你问。

“当然是牛奶啊！”她爆发出一阵爽朗的笑声，双颊泛起红晕。“开玩笑的，开玩笑啦！”

你看着她，好奇心更强了。只见她脸上的神色变得严肃起来，正色看着你，看上去并不打算回答你刚才提出的问题。

“好吧，我们还是先来说说有什么最伟大的科学发现是人类从未有过的吧。”就这样，像是有人打开了一个什么开关，她开始滔滔不绝地说起话来。

“科学对世界的观察能力远远超出人类肉眼可及的范围。有了显微镜和望远镜，科学能够看到很小很小的东西也能看到很远很远的东西。我们现在甚至还能看到自己身体里面的一切，就好像我们的身体全都是透明的一样，里面的任何地方都能观察得到，边边角角也没有放过，能把每颗肾结石翻个底朝天。我们看到了很多很多的东西。但是有什么是我们看不到的呢？

“我们看不到灵魂。

“人体里有血细胞，有DNA，人的大脑里有860亿个神经元，什么都有，就是没有灵魂。灵魂不在人的身体里。这就是科学史上从未有过的最伟大发现。

“为什么发现不了呢？因为巧妇难为无米之炊，人不能无中生有，而人体中根本就没有灵魂。”

她的鼻翼煽动了一下，终于用深呼吸结束了这一口气说完的长篇大论。

任务问题1：科学是否已经证明人类没有灵魂？

深入思考题：

- 我们能够看到、听到、嗅到、摸到，或者尝到灵魂吗？
- 灵魂是某种物体吗？
- 是否有些东西是科学所不可知的？科学能够看到一切吗？
- 我们有可能做到证明某个东西的缺失吗？
- 怎样才能证明我们没有灵魂？
- 什么是灵魂？

听了她这番话，你半信半疑地点了点头。还没等你想到合适的问题，她又开始说话了。

“你可能会反驳我说大家经常说到有关灵魂的事，你可能会问：这是不是说他们所谈论的实际上是一个虚无缥缈的东西？如果你真这么想那就错了。

“当有人说‘保佑你的灵魂’、‘她有个纯洁的灵魂’、‘那个人把自己的灵魂卖给魔鬼了’，他们并不是在说虚无缥缈的东西，因为他们这些话的言外之意分别是‘非常感谢你’、‘她是个好人’、‘他是个冷漠的坏蛋’。这些才是他们真正想要表达的意思，只不过表达方式不同而已，就像我们会说某人是个天使，但这并不意味着这个人长了一对翅膀、头上顶着光环，只是说他人好、心地善良。”

任务问题 2：人们谈论灵魂的时候实际上是在说别的意思吗？

深入思考题：

❖ 我们谈论灵魂的时候是字面上的意思吗？

❖ 我们能把所有与“灵魂”相关的表达都翻译成与灵魂无关的意思吗？

❖ 如果不能的话，那我们谈论灵魂的时候指的到底是什么呢？

❖ 我们必须相信灵魂的存在才能谈论它吗？

❖ 我们谈论灵魂是否意味着我们相信灵魂的存在？

❖ 怎样才能证明我们的确是有灵魂的呢？

你可以要求全班同学思考都有哪些和灵魂有关的说法，然后将其翻译成与灵魂无关的意思。例如，美国诗人西尔维娅·普拉斯（Sylvia Plath）在“善意”一诗中这样写道：“有什么能比孩子的哭声更加真切？ / 兔子的号叫或许更加狂野 / 但是它没有灵魂。”诗人艾米莉·狄金森（Emily Dickinson）说“希望长着羽毛——/ 栖在灵魂里。”圣经《诗篇》第 142 章说“我无处避难；无人看顾我的灵魂……将我的灵魂带离被囚之地”。杰克·凯鲁亚克（Jack Kerouac）《在路上》：“卡车车队聒噪轰鸣呼啸而来，两分钟后一辆卡车在我面前嘎然而止。我疯狂奔向它，整个灵魂都在气喘吁吁。”如果能够用与灵魂无关的其他词汇翻译、解释这些句子，那就说明语言中存在重复与冗余的问题，这也是任务问题 3 所探讨的话题。

只听她继续说道："你知道吗？我们不应该哀悼灵魂的丧失，当然这并不等于承认灵魂的存在，而是因为我们根本就不需要灵魂这种东西。

"我每天都会跟朋友聊天，会跟人交流互动，会闲谈八卦，但是我从来都没有提到过灵魂。我会说哪个朋友脾气很坏，哪个朋友脑瓜聪明；我会说谁很开心，谁很伤心，谁很傻，但是我从来都不谈论他们的灵魂。我想大部分人在大部分时候都和我一样。

"我们之所以很少会谈论灵魂，那是因为'灵魂'这个词几乎没什么用处，既不会增加我们的知识，也不会增进人与人之间的了解，不能解释人的言行举止。就算没有这个词我们也完全能够做到相互了解。"

任务问题 3：灵魂能够让我们更加了解他人吗？

深入思考题：

❖ 我们需要灵魂这个概念吗？

❖ 我们是否可以完全抛开这个词？

❖ 如果从我们的大脑里和每一本字典里抹掉"灵魂"这个词，一切会所有不同吗（参见"消失的文字"）？

她仰起头，凝视着我们头顶油漆斑驳的银河系模型。她看起来有点激动，眼睛眨得像蜂鸟一样。

"你知道吗？不久的将来灵魂就会成为过去时，所有人说话的方式都会和现在不一样。我们不会再谈论悲伤之类的情绪，而是会关注我们大脑的变化。

"科学家发现，人类之所以会有悲伤这种情绪是因为大脑里缺乏一种叫血清素的物质。血清素是一种神经传递物质，如果含量过低就会导致情绪低落，提高血清素水平就能让人高兴起来。所以说人类的情绪实际上受大脑中化学物质的控制，一旦每个人都意识到这一点，我们就不会再谈论自己的情绪了，不会说‘我今天不开心’，而是说‘好吧，我今天血清素水平略低’。因为血清素水平低就会导致忧伤的情绪，所以我们根本就不需要转弯抹角地谈论忧伤。”

她把目光从“银河系”收回来，俯视着你，这才发现她面前的椅子已经空了。你不知什么时候已经走了。

任务问题 4：悲伤这个话题真的能够用血清素水平来代替吗?

深入思考题：

❖ 我们是否通过研究大脑就能了解自己?

❖ 情感真的只是大脑中的化学物质吗?

❖ 究其本质一个人就等同于其大脑吗?

❖ 我们能用大脑替代人吗? 可以把美国步枪协会的口号改成“枪不杀人，大脑杀人”吗?

性 别

我们赤裸裸来到这个世界，其他一切都是多余。

鲁保罗（RuPaul）

圣经十诫一直都是全球范围内印刷发行量十分可观的出版物，但是《旧约》中的有些规定其实并不广为人知且略显古怪。例如上帝告诫我们不可纹身，不可剃掉鬓角，不可穿羊毛、细麻两样搀杂料做的衣服，不可男穿女衣或者女穿男衣。圣经《申命记》第22章第5节这样写道：

妇女不可穿戴男子所穿戴的，男子也不可穿妇女的衣服，因为这样的行为是耶和华你神所憎恶的。

解释学问题1：“男子所穿戴的”与“妇女的衣服”是什么意思？

这个问题主要是希望学生思考服饰本身是否男女有别，男女服饰之间的界限是否清晰明确、一目了然。如果有人提出内衣这个话题，可以问提问者这是不是上帝说此话的意思。

起始问题1：男女服饰为何会有所不同？

深入思考题：

❖ 是因为男女身体上的差别吗？

❖ 是因为我们身份上的不同吗？

❖ 衣服的作用是什么？我们为什么要有独特的装扮？从服饰上能够看出一个人是什么样的吗？

❖ 服饰是否会说谎？

❖ 如果你独自生活在一个孤岛上面，这对你的穿衣打扮会有影响吗？

❖ 到底是性别决定服饰，还是服饰决定性别？

❖ 男女穿不同的制服吗？

❖ 有没有哪些情况下男女穿一样的衣服？如果有的话，这是否意味着男人穿了女人的衣服、女人穿了男人的衣服、两者皆是或者两者皆不是？

❖ 如果男女服饰有别，那么为什么不在饮食等其他方面也有所区别呢？

在回答这个问题的时候可以参考一个十分有趣的历史风俗。二十世纪二十年代以前，妈妈会把小男孩打扮成小女孩的样子。为什么要让男孩子穿女孩子的衣服？为什么男孩子长到五岁左右的时候就会开始穿男装？五岁开始什么发生了变化？小男孩看上去更像女生吗？把男孩子打扮成女孩子在今天为什么就会被认为是不正常？

圣女贞德（Joan of Arc）是十五世纪的一位少女骑士，在百年战争中几次帮助法国战胜了英国。她深信自己是奉上帝之命将英国人赶出法国，于是离开家乡，拒绝嫁给父母为她选定的男人，并说服法国皇太子帮助她履行自己神圣的使命。

她并未乔装打扮，也没有假装自己是少年，而是一身骑士装扮，身披全副盔甲，手执自己的军旗，领导军队对抗入侵者。她的性别以及作为不识字农村少女的卑贱出身均未能妨碍她的决心。

贞德后来不幸被捕并被卖给英国人，宗教裁判所对她进行了审判，罪名是异端邪说，而她的异装癖尤其让宗教裁判所感到烦恼。对贞德的70条指控中有5条专门针对她女扮男装的问题，其中一条指出她“完全放弃了女装，头发也像青少年那样剪得很短紧贴头皮，身穿衬衫、裤子、上衣”，“完全不顾女性的矜持”。裁判所的法官们将这些视为违反了自然法则。

面对为什么要女扮男装这个问题的时候，贞德回答这是奉上帝和天使的命令。裁判所命令她换回女装，被她拒绝了，说情愿去死。

1431 年 5 月 30 日，年仅 19 岁的贞德被烧死在火刑柱上。

解释学问题 2：你认为上帝和宗教裁判所为什么会因易装而感到愤怒？

深入思考题：

❖ 这是对自然法则的侵犯吗？

❖ 服饰能够帮助我们一目了然地认识一个人吗？服饰能够减少我们对他人的不解吗？

❖ 服饰与地位紧密相连吗？

❖ 上帝有性别吗？如果没有的话，他为什么如此关注我们的性别？上帝穿什么样的衣服？

❖ 我们是否应该想穿什么就穿什么？

上面所引用的《申命记》章节中上帝认定每个人都了解自己的性别，但是如果有人不了解的话，也就不会知道应该穿什么，那样的话上帝惩罚出于无知而破坏规矩的人就是不合情理的。所以上帝一定是认定我们知道应该知道的事情。

那么，假如明天我们一觉醒来，发现男女之间在身体上不再有任何差别，而且我们关于过去的记忆也全都被抹得干干净净。

起始问题 2：我们还会知道自己的性别是什么吗？我们是否还能遵守上帝所定的诫条？

深入思考题：

❖ 你能根据自己的喜好知道自己的性别吗？

❖ 你能根据自己的感受知道自己的性别吗？

❖ 你能根据自己的思维方式知道自己的性别吗？

❖ 记忆能够揭示你的性别吗？是所有记忆还是一部分记忆？

❖ 你还会有自己的性别吗？

起始问题 3：男女之间有哪些差别？

讨论进行一段时间以后改用光谱图的形式，在一端标上“女”，另一端标上“男”，请学生在光谱图的相应位置标出刚才表格中所列的各项差别，是否有哪些差别是绝对的并应该标在最两端的位置。对所有问题都应大方回应，如果答案中提到男女身体上的不同，只需用“身体差异”进行概括即可。

如果想要引导学生说出一些十分明显的不同，你也可以提问他们不同物体的性别是什么，如月亮、太阳、橡树、杨树、山脉、元素、白雪、熔岩、钟表等。

任务问题 1：我们是由性别来定义的吗？

深入思考题：

❖ 性别是你身份的一部分吗？性别对你的一切是否有影响？

❖ 不同的性别对世界的体验也会不同吗？

任务问题 2：我们之所以不同是天生如此还是社会使然？

深入思考题：

❖ 男女差别是本性还是可以改变的？

❖ 我们是由自然和天性所定义的吗？我们能违抗自然与天性吗？这么做是错的吗？

❖ 我们是由社会所定义的吗？我们能违抗社会吗？这么做是错的吗？

❖ 是外界教我们女孩应该怎样，男孩应该怎样的吗？还是说这一切都是自然发生的？

❖ 为什么社会需要相信这些差异？

❖ 应该保留这些差异吗？美好世界需要这些差异吗？

❖ 事情应该怎样，到底是谁来决定的？

自 杀

与"太阳明天照样升起"这一论调相比，"明日太阳不会升起"并没有更加难以理解或者更加自相矛盾。

大卫·休谟（David Hume）

起始问题1：什么叫荣誉？

公元前49年，罗马爆发了内战。这次战争最终导致罗马共和国的灭亡。对战双方的将领分别为元老院支持的庞培大将与被元老院宣布为国家公敌的凯撒大帝。

庞培身边有一位非常重要的政治家名叫加图，他一直都对凯撒心存警惕，担忧凯撒心怀颠覆国家的野心。加图对共和国体制深信不疑，最不想看到的就是罗马最终落入帝王之手。但是庞培的军队打了败仗，庞培也在逃往埃及后被刺身亡。于是凯撒自封终生独裁官，罗马帝国自此登上历史舞台。

加图拒绝承认及接受凯撒的统治，做出了自杀的决定。加图的儿子为了阻止父亲自杀偷走了父亲的长剑。加图勃然大怒，打了一个仆从并命令立即归还自己的武器。加图的儿子无法抗拒父亲坚定的意志，只好交出了长剑。加图认真察看锋利的剑刃，满意地表示："现在我是自己的主人了。"说完，他带着一本书上床睡觉去了。

第二天黎明时分，加图醒来以后将长剑从剑鞘中拔出来，刺入了自己的小腹。挣扎中他跌下睡床，发出巨大的声响，吵醒了外面的仆人。人们冲进加图的卧室，发现他血流成河、奄奄一息地躺在地下。有人飞奔出去叫来医生。正当医生为加图缝合伤口的时候，加图从昏迷中苏醒过来，意识到周围人正在努力挽救他的生命，于是用仅存的最后一口气推开医生，撕开刚刚缝合的伤口，随即气绝身亡。

很多罗马史学家都对加图的自杀行为赞誉有加。与加图同时代的西塞罗赞扬他始终如一地坚持了自己所奉行的原则，其自杀行为印证了他的品格，是高尚的行为，是最适合的结局。古罗马著名斯多亚学派哲学家塞内加几十年以后读到加图之死的情节充满喜悦和兴奋，认为这是最美丽的一幕。在他看来，加图虽然不能让罗马获得自由，但他自己是自由的，他拒绝被人征服。加图重新撕开伤口的行为展示了非凡的勇气，因为这是他的第二次自杀，用自己的双手完成了利刃所未竟的事业。这一自杀行为源自伟大的荣誉感。

深入思考题：

❖ 关于加图之死，你是否认同西塞罗与塞内加的观点？

不过，有一点十分奇怪，加图自杀前一晚带回卧室的睡前读物中提到了希腊哲学家苏格拉底关于反对自杀的观点。苏格拉底认为我们并非属于自己，因此不能想做什么就做什么。此外，他还表示自杀实际上是一种逃跑行为。圣奥古斯丁也对此深以为然，批评加图不能忍受失败所带来的屈辱。圣奥古斯丁还注意到，加图听凭自己的儿子生活在凯撒的统治之下，对此似乎并无异议。他因此批评加图不应该让自己的个人屈辱凌驾于对儿子的爱。

任务问题 1：自杀是一件值得尊敬的事情吗？

深入思考题：

❖ 自杀是否不道德？自杀是否自私？

❖ 自杀是否不理性？

❖ 自杀是一种权利吗？

❖ 自杀是勇气之举还是懦夫行为（抑或两者都不是）？

❖ 活着是否为我们的责任？

❖ 自杀应该被定为违法吗？

❖ 生命是神圣的吗？

英国在 1961 年之前一直将自杀判为非法行为。不过这里有一个很实际的问题，那就是既然违法者已经不在这个世界上了，究竟应该如何对其进行惩处呢？关于这个问题古希腊哲学家柏拉图有一个建议：将自杀身亡者单独埋葬在无名墓地里且不加任何标识（不过在当时的希腊首都雅典，自杀是合法行为且能够得到帮助）。

十八世纪法国的自杀者则连一块墓地都不可得，因为他们死后会被脸朝下拖过街市，然后扔进垃圾堆。英国规定自杀者的财产将被政府查抄充公；俄国规定自杀身亡者无权立遗嘱，即使有遗嘱也将在其自杀身亡以后宣告无效。

任务问题 2：惩罚死者是否可行？

深入思考题：

❖ 死者有感情吗？死者会在乎吗？

❖ 这个世界对死者来说还重要吗？

❖ 我们对死者有义务和责任吗？

❖ 死者负有责任吗？

❖ 死者是否是虚无主义者？

❖ 应该惩罚死者吗？

当然，有些人认为对人类的惩罚始于死亡之日；但该任务问题的关注点是能否在现世对死者进行惩罚。

任务问题 3：什么让人值得活下去?

深入思考题：

❖ 人生永远值得活吗？

❖ 失去了什么人生就不值得再活了？

任务问题一般都是封闭式的问题，但上述任务问题 3 是个例外。第一个深入思考题虽然也可以有两种不同的回答，但其关注点与任务问题 3 有本质上的不同。任务问题重点关注人生好的一面，而第一个深入思考题的重点在人生不好的一面。换言之，任务问题鼓励学生思考生命中自己想要的东西，而深入思考题则鼓励他们从“失去”与“剥夺”这个角度进行思考，是补充性的问题，如果作为中心议题会产生喧宾夺主的效果。

理解死亡

我们是两个深渊：枯井凝望着天空。

费尔南多·佩索阿（Fernando Pessoa）

有个学生去问自己无所不知的老师："什么叫死亡？"

老师耸了耸肩回答："不知道。"

"您不是无所不知的老师吗？"

老师回答："没错，我是无所不知的老师，但是我还没死啊。"

解释学问题：老师的回答是什么意思？她的理由成立吗？

起始问题 1：什么叫死亡？

深入思考题：

❖ 死亡是什么东西吗？还是什么都不是？

❖ 死亡是个事件吗？

❖ 死亡是个体验吗？

❖ 死亡是个缺点吗？

❖ 死亡是个局限吗

❖ 死亡是生命的一部分吗？

❖ 死亡何时开始？我们一直处于死亡的过程中吗？

❖ 生命中有哪些体验与死亡类似？

❖ 什么叫生命？

关于动物哀悼死亡的例子与记述有很多，曾经有人看到过一只非洲羚羊似乎在哀悼自己死去的幼仔。这只羚羊亲眼目睹一群绿狒狒杀死并吃掉了小羚羊。她赶走了狒狒，一动不动地站在那里盯着小羚羊的残骸看了整整一个晚上。

很多人都见过在出生即告夭折的象宝宝旁边有大象垂耳低首地站立，长达几天几夜的时间，曾经亲眼目睹母亲被猎杀的大象宝宝有时会突然尖叫着从睡梦中惊醒。

有人曾经见过喜鹊在发现同伴的尸体以后一起发出叫声，听上去很像是禽类的某种安魂曲。

任务问题 1：动物理解死亡吗？

深入思考题：

❖ 动物懂得存在、永恒、逝去这些概念吗？

❖ 动物知道自己会死去吗？它们知道其他动物会死去吗？

❖ 动物的理解力和我们一样吗？

❖ 死亡对动物和对我们来说是一样的吗？

❖ 我们是否更懂得死亡？

❖ 动物如何知道死亡？

❖ 动物知道自己存在吗？知道这一点意味着什么？

❖ 我们能够懂得动物吗？

当然，回答这些问题之前花点时间对动物进行一下分类还是值得的，毕竟毛毛虫与黑猩猩之间存在着很大的不同。讨论任务问题 1 的时候可以回到起始问题，弄清楚理解死亡需要哪些必要的条件。为了弄懂死亡这个话题，你需要了解与起始问题有关的所有观点，同时还应该讨论关于死亡是否有什么是我们不了解的或者无法了解的，为回答任务问题 2 做好准备。

请想象一下你自出生以来就生活在一个富丽堂皇的宫殿里，这里四季如夏，气候宜人。宫殿全部都是用大理石建造而成，在明媚的阳光下闪闪发光。花园四周种满了芬芳的橘树，四处散布着水波粼粼的游泳池，水面倒映着蓝天白云。你身上的衣物全都是用自然界最柔软的材料精心织就，微风袭来，为宽敞的宫殿送来阵阵茉莉花香。不论你想要什么，只要开口全都可以得到。三岁的时候你想要一个动物园，从此你身边环绕着无数动物，里面有老虎、长颈鹿、土拨鼠、火烈鸟，这些动物伴随着你一起长大。宫殿里到处都是仆从，他们满怀爱意地满足你的所有需要。但与此同时，你十五岁之前从未踏出过宫殿高墙一步，宫殿里没有人死去，也没有人跟你谈论过死亡。所以你对死亡一无所知，甚至不知道有这个词的存在，因为没有人在你面前提到过它。

起始问题 2：你会知道有死亡这回事吗？

深入思考题：

❖ 你知道其他人会死吗？

❖ 你知道自己会死吗？

❖ 如果一件事我们不知道它叫什么，那么我们会对它有所了解吗？

❖ 完全不了解死亡有可能做到吗？

❖ 如果我们知道死亡这回事，这一知识来自哪里？

❖ 衰老是否暗含着死亡的意味？

回答这些问题的时候应该引导学生思考花草植物或者昆虫的死亡，引导方式可以有很多种，比如用假设句引回起始问题：“如果你从来没见过这些事情，那么你会知道有死亡这回事儿吗”；也可以提问是否能从动植物的死亡中推论出你自己与他人难逃一死的命运（第一章“世界”的题诗引用了博尔赫斯的一句诗：“每个人都有成为第一个永生者的危险”，就是说我们并不能从他人的死亡中推断出自己必死的命运）。

据说佛祖的早年生活正是这样的：奢华但是封闭，他当时不知道的事情有很多很多。但他后来长大终于第一次走出了宫殿，亲眼目睹了疾病、衰老、死亡。之前他一直都不知道世界上会有这么多的苦难，眼前的现实让他深感痛苦，于是他发愿一定要想办法终结人类的一切苦难。

据有关佛祖早年生活的记载，死亡是他在少年以后才知道的事情，但有些人却认为死亡不是一个有待发现的事实，而是我们与生俱来的知识。

心理分析是一门研究秘密的学科，认为人类的某些想法和欲望是连我们自己都意识不到的，虽然它们存在于我们的大脑里，但是我们并不知道它们的存在。精神分析学派创始人西格蒙德·弗洛伊德（Sigmund Freud）表示，人类潜意识中存在的一大秘密就是“死亡本能”，因为所有生命均源自无生命的物质、均由无机物构成，生命一旦开始就伴随着回归无生命状态这一内在本能，对死亡的认知蕴藏在我们的本性里，流淌在我们的血液里。继弗洛伊德之后的心理分析学家们进一步认为婴儿呱呱坠地之时便有了对死亡的恐惧，所以每个人都是哭着来到这个世界，这是我们应对死亡的方式。

任务问题 2：我们关于死亡的认识是与生俱来的还是后天习得的？

深入思考题：

- 如果是后天习得的，那是什么时候学到的？如何学到的？
- 如果不是从实际案例中学到的，那是如何学到的？
- 婴儿对死亡的认识与其他人不同吗？
- 我们对死亡的认识更加深刻吗？
- 如果人刚出生就知道死亡，这种认识是如何得来的？
- 死亡本能与理解死亡是一回事吗？

❖ 我们是否理解死亡？

死亡是件坏事吗？德国哲学家亚瑟·叔本华（Arthur Schopenhauer）认为人是向死而生的，如果我们对死亡毫不畏惧、对身体的毁灭不感到一丝害怕，那么有很多人大概早就选择死去了。实际上，叔本华的观点与莎士比亚笔下的哈姆雷特十分相似：

睡着了也许还会做梦；嗯，阻碍就在这儿：
因为当我们摆脱了这一具朽腐的皮囊以后，
在那死的睡眠里，究竟将要做些什么梦，
那不能不使我们踌躇顾虑。

（朱生豪 译）

不少哲学家则对死亡的威慑作用深信不疑。古罗马哲学家塞内加认为死亡让我们更有勇气活下去，战胜疾病和不幸，内心做好了死的准备才能减轻我们的痛苦。

德国存在主义哲学家马丁·海德格尔（Martin Heidegger）认为人活着的时候时刻想着死亡，这能让我们更加忠实于自己，让我们知道应该为自己的人生负责，知道每个人的生命都属于自己，所以应该为自己而活。对死亡的认识让我们幡然醒悟，知道原来一切并非一成不变，没有什么是永恒的，也没有什么一直都会是原来的样子，因此我们应该自由选择想要的生活。从这个意义上说，对死亡的认识让人生变得更加完整。

不过法国存在主义文学巨匠阿尔贝·加缪（Albert Camus）并不同意上述观点，坚持认为死亡是件坏事，它不仅没有给我们自由，反而处处限制我们，是对生命可耻的侵犯。尽管如此，这并不意味着我们可以忽视死亡。加缪表示，美好的人生就是要活在死亡的阴影下，即使有死亡在前面虎视眈眈地等着我们，也要好好地活着，这是我们对死亡的最大蔑视，也使人类能够过上的最美好生活。我们既不应该被死亡的念头打败，也不应该假装死亡并不存在，而是应该直面死亡，勇敢生活。将生活本身作为一种反抗手段，这才是通往幸福之道。

任务问题 3：死亡是件坏事吗？

深入思考题：

- ❖ 永生不死会更好吗？
- ❖ 我们的死亡是否与生命密切相关？
- ❖ 认识到死亡的存在对我们有好处吗？
- ❖ 不去想死亡这件事会让我们生活得更好吗？
- ❖ 死亡不公平吗？
- ❖ 死亡是发生在我们身上最坏的事情吗？
- ❖ 死亡是悲剧吗？
- ❖ 归于虚无是件坏事吗？

可以先让学生思考任务问题，然后再介绍哲学家们对于死亡的各种观点，这样就不会影响他们的独立思考。组织学生讨论后再向他们介绍各哲学流派的思想，然后围绕任务问题进行新一轮的讨论，这种安排通常能够引导学生层层深入地探究某个特定问题。

有些学生或许会说死亡不是件坏事，因为死亡标志着来世的开始。不需要将宗教观点排除在外，可以从假设性角度对这些观点进行讨论："那么，如果人有来生的话，这是否意味着死亡并非坏事？"或者"如果没有来生的话，死亡是件坏事吗？"用这种方法就可以讨论来生与死亡价值之间的哲学关系，能够将不问因果的简单信仰转化成启发哲学意识的开始。

自 由

边界在哪儿取决于你探索到哪儿。

鲁米（Rumi）

在古希腊神话中，伊卡洛斯的故事说的是一个太过忘乎所以的女孩子悲惨的下场。

伊卡洛斯和她的母亲代达罗斯被国王米诺斯囚禁在克里特岛上。随着时光的流逝，她们对家乡的印象变得越来越淡、越来越远。代达罗斯能够感受到自己的过去所散发出来的那种魔力，这种力量跨越大海不断召唤着她。她很想重返家乡，但国王用滔天的巨浪阻断了她们的回家之路。

代达罗斯是位出色的发明家，能将最荒诞不经的念头变成现实。虽然陆路和水路全都不通，天空却依然是畅通无阻的，于是她开始动手打造供人使用的翅膀。这两对翅膀轻盈飘逸、美仑美奂，展开后遮天蔽日、结实有力，就像信天翁的双翼。凝视着自己用羽毛和封蜡制成的翅膀，想象着即将付诸实施的空中逃脱计划，伊卡洛斯非常兴奋。

因为每时每刻都有国王的士兵在站岗放哨，母女俩没有试飞的机会，她们只有一次机会飞离小岛。机会终于来了，她们准备起飞的那天一丝风都没有，天空明净澄澈。

代达罗斯将两片翅膀绑在伊卡洛斯的双臂上，正色道："千万注意，一定要在天空和地面的中间飞行。如果你飞得太高，翅膀上的封蜡就会被太阳融化；如果你飞得太低，翅膀就会被海水打湿。所以必须是在天空和地面的中间，听明白了吗？"

"听明白了"，伊卡洛斯回答。

"我在前面飞，你一定要好好跟着我。"

"一定。"

她们站在悬崖峭壁的最边上，目视前方，将所有惧怕都抛到脑后，在一股神秘力量的推动下双腿猛地向后一蹬，双臂用力煽动了两下翅膀，母女俩转眼之间飞向了湛蓝的天空。

两个人型大鸟在空中飞行的身影投在地面上，引得工人抬头眯眼凝视，牧羊人、渔人、农夫也全都驻足仰望这难得一见的奇观。

于是伊卡洛斯开始在空中大胆炫耀飞行技巧，倏忽而至，呼啸而去。她忘记了自己刚刚逃出藩篱，也忘记了自己要逃向何方，只管沉浸在逃离的喜悦之中。头顶的天空如此明澈诱人，她离开前方的向导，不断向更高的地方飞啊飞，飞过一层又一层雪白的云朵，离炽热的太阳越来越近，翅膀上的封蜡也变得越来越软，最后被蒸发殆尽，全部化为乌有。

伊卡洛斯还在继续上下煽动着自己的双臂，但是没有了羽毛的承托，双臂再也无法驾驭空气。她感到自己的身体如铅锤般直线下坠，耳边听到自己呼叫母亲的声音越来越大，直到海水灌满了她的双肺，她再也叫不出声，再也感觉不到坠落，慢慢沉入海底。

代达罗斯回头寻找自己的女儿，看到自己身后空空如也，只有片片白云。她完全不知道女儿是什么时候消失不见的。

"伊卡洛斯！伊卡洛斯！你在哪儿？"母亲连声呼唤，但是回答她的只有海面上那一片散落的羽毛。

我把古希腊神话故事中原来的父子改成了母女，如果你愿意的话可以再改回来。

解释学问题：这个故事有什么寓意吗？这是个好寓意吗？

深入思考题：

❖ 伊卡洛斯太过傲慢了吗？太傻了吗？她该死吗？

❖ 一个人会过于自信吗？

❖ 一个人会耽于享乐吗?

❖ 忘乎所以是美德吗?

❖ 父母应该更明白事理吗?

❖ 理想的父母是什么样的? 他们是绝对可靠的保护者吗?

❖ 到底应该怪谁呢? 代达罗斯、伊卡洛斯、太阳? 还是别的什么?

❖ 威廉·布莱克(William Blake)曾经这样写道:“除非你知道什么叫绰绰有余,否则你永远都不会知道什么叫足够。”他说得对吗?

以下内容为可选项:

伊卡洛斯发现了一种人类从未体验过的快乐,不受地球重力的影响,不受身体肌肉的局限,漂浮在空中,自由自在地穿行。她不需要外在动力也不需要能源,只靠一对羽毛翅膀飞行,没有违反物理定律而是与之共生,没有蛮力只有优雅,伊卡洛斯就这样一飞冲天,成为自由的化身。她的双翼不是通往自由的狭窄隧道,而是自由与快乐的象征。

任务问题 1:我们不能飞,这是否意味着我们不自由?

深入思考题:

❖ 自由是否意味着没有任何限制?

❖ 自由是否意味着想做什么就做什么?

❖ 人类是否受限制?

❖ 伊卡洛斯自由吗?

❖ 从某种意义上说,伊卡洛斯不仅违背了自然规律,还违背了母亲的命令。我们必须打破规则才能获得自由吗?

❖ 自由是件好事吗?

❖ 我们自由吗?

❖ 飞翔为什么是人类永恒的梦想？

最后这个问题除了伊卡洛斯的故事之外，波普艺术的代表人物之一伊夫·克莱因（Yves Klein）也是一个十分典型的例子，因为他们二人均对飞翔有一种异乎常人的痴迷。解释学问题讨论结束后，给学生看克莱因于1960年从一栋楼房的二楼窗口纵身跃出被抓拍到的著名黑白照片《坠入虚空》，然后提问：“这张照片有什么寓意吗？”实际上这是一张合成照片，原图中有人站在楼下等着接住跳下来的克莱因。但是他相信自己的体验十分真切，相信自己能够悬浮在空中，甚至能飞，他的妻子说他对此深信不疑。但是没有人亲眼目睹过他的这些行为，他曾经想向心存怀疑的朋友证明这一点，几次都以摔得浑身骨头酸痛告终。两年后，克莱因死于心脏病突发。

伊卡洛斯忘乎所以的飞行体验在但丁的《神曲》中也能找到呼应，地狱第二层都是“那些听凭理性被欲望所奴役的人”，就像在狂风中挣扎的飞鸟。不过圣经《诗篇》第55章却将飞翔与庇护联系在一起：“但愿我有翅膀像鸽子，我就飞去，得享安息”。介绍了这些关于人类飞翔的不同观点之后，你就可以让学生们思考：一方面是脚踏实地，意志坚定，目标明确，知道自己要什么不要什么；另一方面是让翅膀代替个人意志，放弃努力，兴之所至，心动即行动，一切全凭心血来潮，他们会做出怎样的选择。你可以采取打比方的方式：你更愿意当一片树叶随风飞舞、还是愿意当一条逆流而上奋勇搏击的鳟鱼？这两个选择中哪一个更接近自由的本质？

以下内容亦为可选项：

这个故事还有一个寓意：过分的自由的确是个问题，因为自由过度会对我们自己造成危害。适度、平衡、谨慎……我们可以从伊卡洛斯的不幸中汲取教训，懂得掌握必要智慧的重要性。不要太靠近海面，也不要太靠近太阳：我们必须做到不偏不倚，奉行中庸之道；与自由相比，先保证生存似乎更加重要。这个故事或许是想告诉我们：是的，我们应该自由，但同时也必须保持理智。

任务问题 2：人会变得太过自由吗？

深入思考题：

❖ 你想说什么就说什么就能自由了吗？

❖ 你想对自己的身体做什么就做什么就能自由了吗？

❖ 你不管别人就能自由了吗？

❖ 你不工作就能自由了吗？

❖ 什么样的自由是过度自由？

❖ 适当自由这个概念讲得通吗？

❖ 我们是否全都戴着不同程度的锁链？

❖ 我们是否能够同时做到顺从和自由？

❖ 我们是否只有认识到什么叫过分自由才能做到真正的自由？

任务问题 3：学校夺走了你的自由吗？

深入思考题：

❖ 你需要教育吗？

❖ 需求是否会夺走你的自由？

❖ 不去上学你就会自由了吗？

❖ 教育是否能够让你自由？

❖ 你能够被迫自由吗？

❖ 在伊卡洛斯的故事里，学校更像翅膀还是更像太阳？

❖ 计算器的发明和使用让心算这一技能变得毫无意义，你能想象出什么设备会让所有教育都变得毫无意义吗？

❖ 教育的意义何在？

责 任

诞生是我自己的选择。

让 – 保罗 · 萨特（Jean–Paul Sartre）

起始问题：什么叫责任？

深入思考题：

❖ 儿童是否对自己的行为负责？

❖ 动物是否对其行为负责？

❖ 我们是否对自己的梦负责？

❖ 我们是否对自己的欲望负责？

❖ 责任是否蕴含罪责之意？

❖ “我们对自己负责”这句话是什么意思？

❖ “我们对别人负责”这句话是什么意思？

以下是一个思想实验。思想实验是科学研究的一种重要方法，指用假设性的场景帮助我们在头脑中运用想象力对某个特定议题进行深入思考。思想实验和故事是有区别的，因为前者的重点不在于解决某个特定的问题，而是接受假设性的条件并在此基础上形成自己的观点。以下面这个思想实验为例，其目的不是为了想方设法拯救所有病人，而是利用这个假设性的场景启发我们对放弃与责任进行思考。思想实验有可能会设计得十分可笑及不合常理，会扭曲我们的观点而不是如实反映我们的想法，就像下面这个思想实验一样。如果学生对编造的前提条件表示反对，他们很可能是有道理的。

请想象一个地处遥远国度偏远地区的医院，这里的医务人员严重短缺。医院里只有三位病人：两位癌症患者和一位心脏病患者。一号病人因常年抽烟患了肺癌，二号病人患家族遗传性癌症，三号病人是奥林匹克赛艇选手，训练中突然心脏骤停。烟民和赛艇选手都十分清楚自己所面临的患病风险：一号病人知道吸烟的危害，三号病人也知道赛艇这项运动会使她原先的心脏病症状进一步加重。

这家医院只有他们三个病人，但问题是医院的设备和资源都严重不足，只能给其中一位病人动手术。换言之，只有一位病人能够获得适当的治疗，其他两位则必将面临失救死亡的命运。

任务问题 1：你是医院的院长，你会救哪位病人？

深入思考题：

- 烟民是否对其患上肺癌负责？
- 赛艇运动员是否对其心脏骤停负责？
- 烟民的选择和赛艇运动员的选择一样吗？
- 哪位病人是最大的受害者？
- 除了需求之外还有哪些因素会 / 可能决定放弃治疗？
- 吸烟不对吗？

2011 年夏，英国伦敦市北郊托特纳姆有个男人被警方射杀。他的亲朋好友在托特纳姆警察局门外示威，要求警方对其射杀行为负责。人们越聚越多，沮丧的情绪在人群中蔓延并最终酿成骚乱。愤怒的示威者开始点燃建筑物、抢劫商店、毁坏车辆。第二天，伦敦其他地区也爆发了骚乱。两天以后，整个英国全都陷入骚乱，街上到处都有人打劫商店、偷盗钱财、哄抢物资、袭击警察、纵火焚烧，造成五人死亡，仅在伦敦就有超过三千人被逮捕，全部损失估计超过三亿英镑。

后来移送法庭审判的被捕人士中，90% 为男性，一半未满 21 岁，四分之三有前科或留有案底；被捕学生中 42% 享受免费校餐待遇（全国平均数字为 16%），三分之二在学校被归为特殊教育需求类别（全国平均数字为21%）；被捕成人中35%领取失业救济（全国平均数字为12%）。[1]

与全国平均水平相比，参与骚乱活动者在教育上属于较弱势群体、曾经受过的惩戒程度较高、经济上也较为贫困。但当时的首相大卫·卡梅隆（David Cameron）却公开谴责骚乱与贫困有关这一论调：

现在，大火已经扑灭，硝烟也已散去，每个人都在思考这样一个问题：为什么？这些骚乱与种族无关，这些骚乱与政府的削减措施无关，这些骚乱与贫困无关。如果说骚乱与贫困有关，这是对数百万人的侮辱，因为无论生计有多么困难，他们做梦都不会想要这么多人承受这样的痛苦。

不，这些都不是。这是行为的问题：没有是非观念、道德观扭曲、完全失去自我约束，这才是骚乱的原因。

犯罪的责任永远都在罪犯身上。这些人全都是心甘情愿自己愿意去做的，没有人逼他们，所以他们必须为此承担后果。我之前曾经说过，孩子在成长的过程中分不清对错，这是我们这个社会一个很大的问题。这与贫困无关，这是文化的问题。我们的文化歌颂美化暴力，不尊重权威，只说权利不提责任。我决心一定要在每一个小区、每一条街道、每一个城镇，乃至整个社会，重振强烈的责任感。

此外，卡梅隆在另外一次演讲中将此次骚乱定性为“不折不扣的犯罪行为”，不禁让人联想起美国总统老乔治·布什在1992年洛杉矶骚乱后的演讲：“我们昨天晚上看到的一切与公民权利无关……是不折不扣的残忍暴民行径。”顺便一提，洛杉矶骚乱的起因是警方殴打罗德尼·金（Rodney King），因此将英美两次骚乱进行比较也是一件很有意义的事情。

1　资料来源：http://www.bbc.co.uk/news/ uk-15426720

解释学问题：卡梅隆说“犯罪的责任永远都在罪犯身上”，这话是什么意思？

深入思考题：

❖ 卡梅隆并未进一步阐释自己的观点，你认为他可以从哪些方面为自己的观点进行辩护？

❖ 卡梅隆对骚乱的解释是什么？

任务问题 2：骚乱者应该为其造成的损失而受到谴责吗？

深入思考题：

❖ 骚乱者是受害者（环境迫使他们发动骚乱）还是责任方？

❖ 应该因某事而受到谴责与应该为某事负责是一回事吗？

❖ 什么会让人想要发动骚乱？

❖ 社会应该为所造成的损失而受到谴责吗？

❖ 社会应该对所造成的损失负责吗？

❖ 总是能够找到应受谴责的一方吗？

❖ 人应该对自己的贫困负责吗？如果不是的话，谁应该负责？

❖ 卡梅隆提议的应对措施听上去可行吗？

思 考

真的有寂静这回事吗?

约翰·凯奇（John Cage）

起始问题：什么叫思考?

深入思考题：

❖ 什么会激发思考?

❖ 思考是一种选择吗? 思考是一种愉悦吗?

❖ 有没有什么念头是想一下都应该受到惩罚的?

❖ 你会如何向别人描述自己思考时所发生的一切?

❖ 大脑进行思考和手指弹奏钢琴一样吗?

❖ 思考与做白日梦有区别吗?

❖ “我正想事情呢”是什么意思? 哪些事情会干扰我们进行思考? 我们是如何克服干扰的?

❖ “我会想着你的”，这句话为什么听上去让人很安心?

❖ 我们能够控制自己的思想吗?

❖ 思想是没有说出口的句子吗? 思想是由词语构成的吗? 如果不是的话，思想是什么构成的?

❖ 我们思考的时候需要声音吗?

❖ 虚构的人物其思想也是虚构的吗? 我们的思想是否能够完全体现自我?

❖ 每一个行为都需要思考吗? 思考是否也是一种行动?

❖ 思想来自哪里?

❖ 头脑里有什么是先于思想存在的?

❖ 如果有人不知该如何思考，有可能教会他们如何思考吗？

请原谅这连珠炮似的发问，你可以将其作为任务问题，不过每个问题只有一分钟的回答时间，目的是让学生对思考和思想有一个大概的认识，鞭策他们对这个问题进行层层深入的思考（哲学思考并不一定总是慢条斯理的）。

几百年前，法国哲学家勒内·笛卡尔（René Descartes）把自己关在房间里，思考自己是谁这个问题。他埋头思索自己和这个世界的存在，最后终于找到了关于自己存在的基础与根本，那就是人的本质在于头脑，而思考则是存在的根本基础。如果人不思考，则其存在就岌岌可危了。他自己是这样说的：

……思想与我是不可分割的。我是，我在——那是肯定的，但是能在多久呢？只要思考我就存在，因为很有可能我如果完全不思考的话就会完全不复存在了。

任务问题1：我们必须思考才能存在吗？

深入思考题：

❖ 我们一直都在思考吗？

❖ 如果我们失去了思想，那还有什么关于我们自己的其他东西也失去了呢？

❖ 如果我们停止思考，我们还会停止做什么别的事情吗？

❖ 我们有可能是在思考别人的思想吗？你怎么知道你的思想是自己的呢？

❖ 如果有人能够看到你的思想，他们就能完全了解你吗？我们能够看到别人的思想吗？

❖ 我们知道别人在思考吗？我们知道别人存在吗？

❖ 我们怎么知道自己在思考？我们怎么知道自己是存在的？
❖ 我们的头脑是我们吗？我们住在自己的头脑里吗？
❖ 笛卡尔说“不复存在”是什么意思？不复存在是件坏事吗？
❖ 有哪些东西是和我们不可分割的？

思考有价值吗？汉娜·阿伦特（Hannah Arendt）生前不接受别人称她为哲学家，但我认为她就是一位哲学家。她认为思考是活着的精髓所在，是一种摧毁性的力量，因为它横扫人类的头脑，动摇我们所知的一切。“我认为”这个句型本身就传达出怀疑的意味，因为思考本身就是溶解“确定无疑”的药剂，会永无止境地不停寻求意义，会一直追问下去，永远都不会满足。“什么？为什么？哪里？如何？”这些问题都在不断侵蚀着他们的答案，让人类的思考变得难有定论、迷茫不安。

思考让我们清醒，赋予我们生命；不思考的人生无异于一场梦游，会变得毫无意义。如果我们不思考、不内省、不关注内心，那么我们就会很容易被邪恶俘获。思考是良知的基础，是判断的先决条件。

阿伦特关于思考的理论似乎与禅宗佛教的教义背道而驰，因为禅宗哲学的核心就是“无念”。阿伦特认为思想的本质是行动，而禅宗则推崇不作为。“什么？为什么？哪里？如何？”这些问题无异于诅咒，而且与我们对人生的理解并没有任何关系。

“无念”既是思也是不思，我们无需清空自己的思想，但同时也不应该积极追求思考。我们应该保持轻松的心态，不持“执念”，因为活跃的思考最终只能让我们永无安宁。

禅宗认为“无念”能够化繁为简，让我们不被变幻不定的思想所束缚。因此，我们不应对体验进行评判，不应追求意义，应该直接行动，让思想的渴求归于寂灭，因为生命的本质是行动而不是思想。

任务问题 2：你认同阿伦特的观点还是禅宗的理论？

深入思考题：

- 对我们应该进行多少思考有限制吗？
- “她是个没有头脑的人，完全没有思想。”这是件好事吗？
- 人有可能做到不思考吗？
- 人生是否在本质上令人困惑？人生是否需要思考？
- 理解是否需要思考？
- 阿伦特与禅宗的观点是对立的吗？
- 信奉阿伦特与信奉禅宗者哪一个的人生会更加幸福？
- 如果你认同禅宗的观点，那么你应该思考这个问题吗？

是否认同某个观点有可能会在一个问题上形成两极分化的意见，不过只要没有像辩论那样彼此对立就无须担心。上述任务问题的重点是引导学生进一步深入思考，最终发现自己的观点并不能非此即彼地归入双方的任何一个阵营，这能帮助他们了解各种不同的观点，并认识到自己所拥有的观点是独特的，不能简单地并入别人的观点。

语言与独创性

哪怕再夸张的表达也不足以奠定真实表达的基础，我对此深信不疑

亨利·梭罗（Henry Thoreau）

二十世纪六十年代出版的一本诗集里收录了美国诗人阿兰姆·萨罗扬（Aram Saroyan）的一首诗，雪白的纸张正中只有一个词：

lighght

（译者注：英语单词“light”意为“光”，但作者有意将单词中不发音的两个字母“gh”重复了一遍，看上去像是一个拼错了的单词）

鉴于这本诗集是政府（纳税人）赞助出版的，竟然有人如此滥用公款，这让很多政客感到十分震惊。据媒体报道，共和党议员威廉·谢尔（William Scherle）曾公开表示：“如果是我的孩子在学校里拼写学成这个样子，我就会给他扣上一顶傻瓜帽让他到墙角罚站去。”

起始问题 1：这是诗吗？

深入思考题：

❖ 如果这不是诗，那它是什么？一个句子吗？

❖ 它有意义吗？

❖ 诗歌创作是否有一定的准则？这些准则又是由谁来定的呢？

❖ 我们从诗歌中想要得到什么？

❖ 如果这是一个打字错误，那它还是诗吗？

❖ 有没有一种语言是无法用来写诗的？

❖ 什么叫诗歌？

回答了以上这一系列问题之后，学生就会对最后一个问题形成一个大概的意见。将学生对前六个问题的回答要点写在黑板/白板上会对回答最后一个问题大有帮助。

爱尔兰作家詹姆斯·乔伊斯（James Joyce）曾经写过一本书，书名叫《芬尼根的守灵夜》（Finnegans Wake）。这本书非常有名，有些人将其称为伟大杰作，但实际上很少人读过此书。以下文字即摘录自本书：

赶快，长着巨大的大疙瘩头（nonobli）的普通人，还有那个完全厚背无耻（berbecked）、面部（fischial）可笑的（ekksprezzion）单身汉（Scapolopolos）麦肯斯基、杜兹纳斯库或其他人。你那屠夫的（machelar）羊肉腿扯得太厉害变得肌肉粗硬。当榛树是只母鸡的时候，挪亚·比利重 1001 石。如今她的脂肪迅速减少。因此，聊天袋，你的为什么不能？有 29 条甜美的理由说明了为什么开花季节是最好的。

（戴从容 译）

起始问题 2：这是语言吗？

深入思考题：

❖ 如果这不是语言，那它是什么？

❖ 这是英语吗？什么样的语言是英语？

❖ 节录的文字说得通吗？有意义吗？

❖ 语言是否有必须遵守的规则？这些规则是由谁来定的呢？

❖ 有没有“正确的英语”这个概念？

❖ 我们想要从语言中得到什么？

❖ 语言一定要有意义吗？

❖ 你能自己创造语言吗？

❖ 什么叫语言？

上个世纪诗歌界曾经发生过一次革命，传统意义上的诗歌要求必须有一定的韵律和韵脚。例如：

我们不可知的只有信仰，
所知之事均为亲眼所见；
我们相信知识来自上天，
像黑暗中渐强的一束光。

这是英国诗人丁尼生（Tennyson）《悼念集》序言中的一段，原文韵律为抑扬四步格，句尾按 ABBA 格式押韵，即第一句和最后一句押韵，中间两行押韵，整部组诗 133 个诗节全都遵循同样的格式。

很长一段时间以来，诗歌创作一直遵循这种严格的韵律格式。后来，美国诗人惠特曼（Walt Whitman）改变了这一传统，奉献给世人一部诗歌史上的杰作《草叶集》（Leaves of Grass）。他的诗行没有预设的节律，诗行与诗行之间也不以韵脚相互呼应。他的诗作是这样的：

我赞美我自己，歌唱我自己，
我承担的你也将承担，
因为属于我的每一个原子也同样属于你。
我闲步，还邀请了我的灵魂，
我俯身悠然观察着一片夏日的草叶。
……
屋里、室内充满了芳香，书架上也挤满了芳香，

我自己呼吸了香味，认识了它也喜欢它，
其精华也会使我醉倒，但我不容许这样。
大气层不是一种芳香，没有香料的味道，它是无气味的，
它永远供我呼吸，我热爱它，
我要去林畔的河岸那里，脱去伪装，赤条条地，
我狂热地要它和我接触。

（“我自己的歌”，赵萝蕤译）

曾经有人将传统的诗歌创作比作“带着镣铐跳舞”，而惠特曼则创造了诗歌的自由体；传统诗歌遵守固定的韵律和押韵格式，自由体则完全抛弃了一切束缚和规则，无须固定的韵律，也不需要押韵。惠特曼的语言自由流淌，脱离了固定的轨道，随风飘荡。

传统诗歌将语言作为一种介质，用语言雕琢出诗篇。而对于使用自由体进行创作的诗人来说，语言是可以任意操纵和塑造的，目的是表达出你的内心所渴望与追求的诗篇。因此，传统诗歌认为语言的权威凌驾于诗人之上，认为语言比我们更加重要，我们必须遵守语言的规则；而自由体诗歌则相信语言应该追随诗人，是我们赋予语言生命，我们的思想是语言的能量。换言之，我们并不是在使用语言，而是在发明语言。

那么，是否有哪些定律是自由体诗歌创作应该遵循的呢？英国作家劳伦斯（D. H. Lawrence）认为：“所有外部规定全都是镣铐和死亡，定律每一次都必须来自内心。”是我们在说语言，而不是语言在说我们，因此规定源于我们自己。美国诗人罗伯特·弗罗斯特（Robert Frost）表示这一切问题都不是很大，不过自由体诗歌创作就像是打网球的时候不要网。

任务问题1：语言是必须遵守的还是可以发明的？

深入思考题：

❖ 我们的思想受语言的限制吗？我们是否能够超越语言进行思考？

❖ 我们是否被语言所困？我们是否可以不用语言进行交流？

❖ 语言是否需要规则？规则是否损害我们的自由？

❖ 自由体真的是自由的吗？

❖ 如果像劳伦斯所说的那样你可以自行制定规则，那么这样的规则真的是规则吗？

❖ 我们是否可以选择自己的第一语言？

❖ 美国有自己的语言吗？

❖ 语言是信息吗？是音乐吗？

❖ 语言应该有意义吗？它像路标一样明确还是像梦境一样捉摸不定、令人困惑？

❖ 弗罗斯特用打网球所做的比喻是什么意思？

探讨哲学问题之前可以先摘录几节丁尼生的诗作让学生阅读，然后让他们思考自己更喜欢自由体诗歌还是传统诗歌。

让－保罗·萨特（Jean-Paul Sartre）的中篇小说《恶心》以第一人称日记体形式描写了一个三十岁男人安托万·罗冈丹的生活。主人公独自生活在法国沿海一个小镇上，得了一种奇怪的病症，总是感觉体内胀气恶心，整个世界都在逐渐消解。于是他开始感觉到人生的无常、无目的、无意义，一切都是偶然。这种情绪总是来无影去无踪，有可能他正坐在咖啡店里、走在街上，或者正在写作，突然就会感觉到一切都毫无意义，一切都很空虚，整个世界鬼憧憧。

一天晚上，罗冈丹坐在公园林间一条长椅上面，身心俱疲，觉得自己整个人都快要窒息了。他因此有了顿悟：

我刚才在市政公园里，坐在长椅上，板栗树的树根扎入长椅下面的泥土里。我却想不起来那是树根，词语全都消失不见了，连带着一切事物的含义、词语的用法，以及人们在其表面所留下的浅显印记，全都消失不见了。

存在突然揭开面纱，露出了它本来的面目。树根、公园大门、长椅、草坪上稀疏的草叶，所有这些全都消失不见了。事物的多样性、个性只不过是个表象，是一层表饰。这层表饰融化了，留下柔软的、鬼魅般的堆团，杂乱无章地裸露着。

（摘自“存在意味着什么”）

解释学问题：罗冈丹刚发生了什么事？

深入思考题：

❖ 什么叫表饰？

❖ 他为什么现在会看到一片杂乱无章的堆团？这与词语的消失有什么关系？

❖ 他为什么把词语说成是人类的“浅显印记”？

❖ 他对语言持有怎样的观点？

任务问题 2：你同意罗冈丹的观点吗？语言是否妨碍我们看清世界的本来面目？

深入思考题：

❖ 语言反映世界还是塑造世界？语言更像是一面镜子还是饼干模型？

❖ 没有语言我们是否能够了解世界？

❖ 这个房间里有多少东西是没有名称的？

❖ “世界的本来面目”是什么意思？这个概念是否真的存在？

❖ 如果我们只能用自己的眼睛去看世界，这是否意味着我们永远无法真正认识世界？

❖ 走出自己去看世界，这可能吗？我们看一棵树的时候能够不将其看成一棵树吗？

❖ 罗冈丹的语言观是否和他的人生观紧密相连？

❖ 使用不同语言的人是否对这个世界的体验也不一样？

这两个任务问题都是为了让我们思考语言是否会产生疏离的效果：第一个问题思考语言是否让我们疏离了自我，第二个问题思考语言是否让我们疏离了世界。

自控、失控以及真实自我

我不做所欲之事，只做所厌之事。

圣保罗（St Paul）

1977 年春天的一个夜晚，弗朗欣·休斯趁自己的前夫米奇熟睡时，围着他的床浇了一圈汽油，然后点燃火柴。烈焰吞噬了睡床，吞噬了整幢房子，也杀死了米奇。弗朗欣随后自己开车来到当地的监狱门口，大声叫道：“我杀了他！我杀了他！我杀了他！”但是她后来并未被送进监狱，陪审团裁定她无罪，理由是案发时她患暂时性精神失常。

此前，米奇对弗朗欣的家暴持续了十二年之久，不仅经常对她拳脚相向，还不让她见自己的亲朋好友，威胁她不准离开自己，否则就会杀了她。弗朗欣怀上第四个孩子的时候听从社工建议向法院提出离婚申请，但是米奇仍然对她纠缠不休。后来米奇在一次车祸中身受重伤，生活无法自理，弗朗欣又担起了照顾他的责任，于是重新一起生活。

米奇被烧死的那一天再次殴打了弗朗欣，还烧毁了她正在学习的文秘课程书籍，威胁说要用长柄大锤砸烂她的车，这样她就不能开车去学校学习了。就在那天晚上，弗朗欣打定主意要逃走，带上孩子们，开着车离开这里，从此再也不回头。这个念头在她心里藏了很多年，但是那天晚上她终于下定决心将其付诸行动。

在家里等儿子回来好带孩子一起走的时候，弗朗欣回忆起自己过去十二年的生活，内心充满愤怒。她突然想要将这一切全都抹掉，将自己和米奇的生活全都抹掉，把一切全都烧光。于是她拎着一罐汽油走进了米奇正在熟睡的卧室，听到自己脑海里有个声音一直在小声说：“杀了他！杀了他！杀了他！”

后来审判她的时候，有位临床心理学家在法庭作证，认为弗朗欣当时“因为自己最原始的情感遭受巨大的冲击而变得不知所措，多年来被她自己强行抑制的情感最终压垮了她……她当时的心理完全崩溃了，因此无法进行理智的判断……无法控制自己的冲动……无法阻止自己去做她后来做的那些事情。”

出庭作证的精神科医生也认为弗朗欣“无法形成犯罪意图，因为她当时缺乏区分对错的能力”，认为她当时“暂时失去控制”。

陪审团最终裁定弗朗欣在米奇死亡之时患暂时性精神失常，因此应无罪释放。

解释学问题 1：米奇·休斯是被谋杀的吗？

深入思考题：

❖ 如果米奇之死并非弗朗欣有意而为，这是否意味着他死于意外事故？

❖ 如果弗朗欣的行为缺乏（犯罪）意图，这是否意味着她实际上并未实施那些行为？

❖ 弗朗欣是自己选择点燃火柴的，还是有人逼迫她这么做？

❖ 如果弗朗欣的行为并非有意，有可能是她身上另外一个“假”体有意识地实施了那些行为吗？

❖ 如果她出于某种欲望去杀人，这是否意味着她是有意为之？

❖ 弗朗欣应该受到惩罚吗？她应该感到自己有罪吗？

❖ 我们可以说动物或植物自相残杀吗？

任务问题 1：人有可能会失去自控力吗？

深入思考题：

❖ 我们有自控力的时候控制的是什么？

❖ 我们失去自控力的时候控制我们的是什么？

❖ 有可能做到完全自控吗？

❖ 我们大部分行为都是自控的结果吗？

❖ 我们是否经常失控？

❖ 失控行为有意义吗？

❖ 自控是件好事吗？

出庭作证的精神科医生还表示，弗朗欣的纵火行为并非事先预谋，因为“她的性格中不具备策划这种程度暴力行为的特质”，因为“如果她事先知道的话会对这种事情深恶痛绝”，其言下之意显然是说弗朗欣天性不喜暴力，杀死米奇不符合她的性格，因此杀人行为并非源自她的真实自我，只能来源于她受损的变异自我。

任务问题 2：存在“真实自我”吗？

深入思考题：

❖ 我们的真实自我存在于策划中还是自发的行动中？

❖ 我们有可能“不是本来的我”吗？

❖ 我们有可能“背离自我”吗？这是件坏事吗？

❖ 王尔德曾经表示“一个人真实的生活通常是他没过的那种生活”，这句话是什么意思？

❖ 我们自我中的每个部分都同样真实吗？

❖ 我们如何辨认自己真实的自我？

❖ 真实的自我会发生变化吗？

❖ 如果我们作为个体会失去真实的自我，那么作为社会和集体会失去真实的自我吗？

❖ 点燃火柴的是弗朗欣真实的自我吗？

身与心，肉与灵

生理意义上的人生不是人生，心理意义上的人生也不是人生。人生即世界。

维根斯坦（Ludwig Wittgenstein）

教授本章内容之前先组织学生玩一个“我画你猜”的画图猜词游戏。将全班分成两组，第一组除了拿到需要猜的单词卡片之外，还有一张不准画出来的物品清单，规定画图时不准画出人体的任何一个部分，包括眼睛、嘴巴、手等。第二组则可以想画什么就画什么。每个单词的时间限制为三十秒。

给第一组的单词：	给第二组的单词：
1、欢乐	1、欢乐
2、思考	2、悲伤
3、鬼魂	3、善良
4、悲伤	4、鬼魂
5、愤怒	5、思考

解释学问题1：游戏结果是否揭示了什么哲学问题？

我在班上组织过这个游戏，结果是第二组赢，这表明人或者词语含义的本质是身体，带有具象化特点。不过游戏最后的结果也有可能是第一组赢，这样就会得出完全不同的结论。总之不论结果如何都不要出手干预或进行暗示和引导，让学生自己决定游戏的发展方向。

英语的“身体恐惧症”（somatophobia）一词发明于二十世纪，但这种病症的历史显然更加久远，其特点是对身体充满恐惧和敌意。

如柏拉图就曾说过我们身上更纯净的自我，即“灵魂”，“因与身体为伴而致残”。他还说我们虽然能够瞥见他人完美的外表，但这种美却被“人的肉体、颜色以及各种终将腐朽的垃圾混成一团”。柏拉图的追随者普罗提诺（Plotinus）相信“耽于身体的人生本身就是罪恶”。

任务问题1：身体是牢狱吗？

深入思考题：

❖ *身体恐惧症是理性的吗？*

❖ *永恒之物比变化之物更美吗？*

❖ *我们的心与身是相互冲突的吗？*

❖ *我们所做的坏事是身与心哪一个的结果？身体让我们成为坏人吗？*

❖ *为“心”而活比为“身”而活更好吗？*

提托诺斯是特洛伊君主普里阿摩斯的弟弟，相貌出众，光彩夺目。黎明女神厄俄斯爱上了这个美少年并将其带回同住。她知道少年不能像自己一样永生，为了能永远和他在一起，黎明女神去求宙斯赐提托诺斯永生，宙斯慷慨应允了她的请求。但是厄俄斯忘了请宙斯赐自己的爱人永葆青春，因此提托诺斯虽可永生但同时也在一天一天地衰老下去，活到两百岁的时候已经全身萎缩、虚弱不堪，既不能说话也无法行动，而这些只不过是他那残酷永生的开始。几千年过去了，厄俄斯最后终于厌倦了照顾这个日渐枯萎的男人，于是将他锁在房间里。美少年提托诺斯最后变成了一只蟋蟀。

虽然提托诺斯战胜了死亡，但他终究未能从时间手中逃脱，被日益憔悴、虚弱的身体拖累了自己永恒的生命。如果提托诺斯那个时候有 WiFi 的话就好了……

研究未来的未来学家认为人类 2050 年就有可能实现永生不死的梦想，摆脱身体的烦恼，将大脑上传到一部机器里，这样我们大脑里的所有信息都将以数码形式传送到超级电脑里，于是每个人都能在虚拟的网络空间里永生。这就是所谓的数字化永生。英国电信未来学研究部前主任曾经预测今天的年轻人有可能永远不死，他们有可能做到提托诺斯当初未能做到的事情：抛弃自己的肉体，逃脱时间的追杀，永葆青春，长生不老。

解释学问题 2：这一预测现实吗？

深入思考题：

❖ 大脑像电脑一样吗？人像机器一样吗？

❖ 记忆是信息吗？

❖ 电脑像大脑一样吗？电脑有记忆吗？电脑有过去吗？

❖ 永生不死有可能实现吗？

❖ 数字化永生是宗教概念还是属于科学范畴？

❖ 你想要数字化永生吗？

❖ 成为研究未来的学者是有可能的吗？

任务问题 2：脱离身体的存在这一概念讲得通吗？

深入思考题：

❖ 据说地狱里的生活十分痛苦，如果没有身体还会有痛苦吗？

❖ 据说天堂里的生活十分愉悦，如果没有身体会有愉悦吗？

❖ “受难的灵魂”是什么意思？

❖ 如果我们从未体验过灵肉分离，那么这一概念是从哪里来的？

❖ 做梦是一种无肉体的存在吗？

❖ 人类是有身体的头脑还是有头脑的身体？

❖ 保罗在《哥林多前书》中说我们自然的血气身体将复活为“灵性的身体”。“灵性的身体”是什么意思？

这个问题要问的不是头脑是否可以离开身体独立存在，重点是要学生思考是否存在这种可能性，思考这一概念言之有理还是纯属无稽之谈。组织学生讨论以后还可以做一个思想实验，问谁能举例说明没有身体的存在是什么样的并请他们详细描述。如果学生中有不同意见，让他们讨论为什么对这个问题有人持肯定意见、有人持否定意见。是因为不同的人对同一个词语有不同的解释吗？还是因为他们对这个世界有不同的体验和认识？

如果想要进一步探究无肉体存在之可能性，可以要求学生写出这种存在可能是什么样子的。鉴于这一作文题目过于宽泛且预设立场，可以设定一个明确的场景，如：假设你是一个雪人，在一个温暖的春日里融化成了一滩水，然后在太阳的照耀下蒸发成水汽，请描述一下变成无形的水蒸气以后会有什么样的感觉。

如果想要表达这样的主题诗歌这种形式会比散文更加适合，而且文章的结构越简单越好。要求学生每一行都使用“我感觉……”这个句型，而且不一定要押韵。完成诗歌写作任务以后再回到合理性的问题：这些诗歌是否表明无实体的存在是合理的？如果答案是肯定的，那么这是否说明身体对我们究竟是谁并不重要？

任务问题 3：我们就是我们的身体吗？

深入思考题：

❖ 头脑是身体吗？

❖ 头脑是身体的一部分吗？

❖ 你踩到钉子的时候痛在脚还是痛在脑？

❖ 你兴奋的时候是跳动加速的心脏在兴奋还是大脑在兴奋？

❖ 思考是身体上的动作吗？

❖ 我们所做的每件事情都有身体的参与吗？

❖ 当身体发生变化的时候，我们也随之变化吗？你能想象一个长着成人身体的孩子吗？

信　念

康德用自己的头脑和精神思考，但是从来不用自己的血性来思考。

戴维·赫伯特·劳伦斯（D. H. Lawrence）

请设想一个人公开发表演讲为某个信念进行辩护：

这是我的信念，像钢铁一样坚定的信念。不论你如何教导我，不论我有怎样的亲身体验，什么都无法改变我的信念。如果想要我放弃这一信念，除非熊熊火焰结成冰霜。因为信念定义了我是谁，我不能背叛自己的本性，这个信念是我的一部分，已经深深刻在我的骨头上。你可以给我看各种证据，可以告诉我怀疑是一种美德，可以宣称质疑是件好事、不确定是正常的。但是我想问：你的激情哪里去了？你不懂什么叫信念吗？我无法将信念放在那一束冰冷的光下细细观察，因为这种信念本身就是那束光。你想要我头脑冷静、更加开放和自由。你说："如果你错了呢？你必须保持谦卑的态度，承认自己有可能犯错。"但是，你越是对我晓之以理，我就越是不能接受你的观点。我不会改变主意，因为我不能。这个问题无关选择、无关自由意志，因为信仰是一种客观存在。

解释学问题：你认为什么叫信仰？

任务问题 1：绝对信仰好吗？

深入思考题：

❖ 我们是否应该对不同的观点永远保持开放的心态？

❖ 我们真的可以做到对某个真理确信无疑吗？

- 确信无疑是否为发疯的征兆？
- 我们是否可以否定自己的本性？尝试否定本性做错了吗？
- 信仰是一种选择吗？
- 我们是否应该首先相信自己的判断？
- 有没有什么是亲身体验无法告诉我们的？

丹麦哲学家克尔凯郭尔（Kierkegaard）在《恐惧与战栗》中剖析了圣经中亚伯拉罕听从神的指示杀子作燔祭的故事。他钦佩、赞赏亚伯拉罕的信仰，但同时也表达了迷惑和不解。于是克尔凯郭尔为读者讲述了这样一个故事：有个王子全身心地爱上了公主，愿意为她做任何事情。但是出于某种作者未明说的原因，这两个年轻人无法结合，王子的愿望是不现实的，注定会落空。克尔凯郭尔认为王子有三个选择。

第一个选择是甘心做一只“深陷生活泥沼中的青蛙”，努力适应已有的环境，寻找更加现实的爱情，最后随着时间的流逝忘记过去，继续生活下去。

第二个选择是做一个屡败屡战的骑士，接受世界的规则和安排，但是绝不放弃自己一生所爱。他接受现实，但是并不因此放弃爱情；他不会忘记公主，只会终其一生绝望地爱着她，永远生活在得不到心爱之人的痛苦和叹息中。虽然他接受了“不可能”这一现实，但情愿生活在痛苦中也不愿移情别恋。

第三个选择是做一名信仰骑士，虽然和屡败屡战骑士一样牢牢抓住无望的爱情不放手，听从命运的摆布，但内心仍然坚信自己总有一天能够和公主出双入对。他认为自己的梦想并非完全没有可能，不是痴人说梦。虽然他知道不会有这样的结局，但他在屈服于现实的同时并未放弃自己的信念。他会告诉自己：“这不可能实现，所以我才会对此深信不疑，因为这愿望太过荒谬。我会一直抱有期望，虽然我知道自己的期望毫无希望。我之所以抱有期望正是因为毫无希望。”

任务问题 2：三种选择中哪一种最好：青蛙、屡败屡战骑士，还是信仰骑士？

深入思考题：

❖ 这三种选择中哪一种最为挫败？

❖ 对无望之事抱有希望是件好事吗？

❖ 希望是件毋庸置疑的好事吗？

❖ “知道不可能”与“相信可能”这二者可以共存吗？

❖ 我们是否应该一直适应现实？我们是否应该一直准备改变？

❖ 改变是一种自我背叛吗？

❖ 是否存在不可能的事情？

❖ 放弃是件坏事吗？

❖ 真的是“天涯何处无芳草”吗？

哲学在十九世纪的美国有了新的发展。那是一片未开垦的土地，那里有广袤的天空和一望无际的大草原，那里是实用主义这一哲学新流派的诞生之地。实用主义的英语“Pragmatic”一词源自拉丁语，意为“行动”；而行动的确是实用主义的核心。该哲学流派注重信仰所带来的实际效果、造成的后果以及产生的结果，关注信仰的有效性、实用性、有用性。实用主义认为真理是生活的工具，认为有用即真理，会说某个信仰“因为有用所以为真”。美国实用主义哲学家威廉姆·詹姆斯（William James）1907 年曾这样写道：

[对实用主义来说] 测试真理的唯一标准就是什么能够最有效地引领我们以及什么最适合生活的方方面面……如果上帝这一概念符合上述要求，那么实用主义又怎么能否认上帝的存在呢？如果将一个在实用主义意义上如此成功的概念判定为“非真”那将是毫无

意义的事情……真理是被创造出来的。

［在评估某个信念是否为真理的时候，实用主义会问：］“如果其为真理，这会使任何人的实际生活产生什么具体的变化、会造成什么明确的不同吗？……简言之，即追问真理的经验价值是多少？”……只要相信某个观点对我们的生活有利，那么这个观点就是真理……一切能够证明“信者得利”的观点均可冠以真理之名。

任务问题3：你认同詹姆斯的观点吗？信仰是否只要有用就是真理？

深入思考题：

- 我们为什么会说某事为“真”？
- 无用的信仰有可能是真理吗？
- 真理是人为之事吗？世界是人为之事吗？
- 我们应该永远相信对自己有用的一切吗？
- 让某人放弃某个有用的信念，这样做是错误的吗？
- 除了有用是否还有更加重要的东西？
- 不同的人信仰也有所不同吗？
- 真理有可能对我们有坏处吗？

情 感

与智慧相比

亲吻是更好的命运

爱德华·埃斯特林·卡明斯（E. E. Cummings）

人类的共同行为特征既平凡无奇又稀奇古怪：

❖ 害怕的时候会尖叫；

❖ 愤怒的时候会喊叫；

❖ 悲伤的时候会哭泣；

❖ 开心的时候会大笑；

❖ 生气的时候会咂嘴。

起始问题 1：我们为什么会做上述这些事？

深入思考题：

❖ 这些行为是非理性的吗

❖ 这些行为有什么目的吗？

❖ 这些是任意的行为吗？

❖ 为什么会有这些行为模式？我们伤心的时候为什么通常会哭而不是笑？

你可以集中讨论其中的一种行为模式，也可以全部都讨论或者讨论其他行为模式。

据《创世纪》（Book of Genesis）记载，手足之争从人类的第一对兄弟该隐和亚伯就开始有了：

一日，亚当和妻子夏娃同房，夏娃怀孕然后生下了该隐，便说："耶和华使我得了一个男子。"后来，她又生了该隐的兄弟亚伯。

亚伯牧羊，该隐种地。有一天，该隐拿地里的出产为供物献给耶和华，亚伯也将他羊群中头生羔羊和羊的脂油献上。耶和华看中了亚伯和他的供物，却看不中该隐和他的供物。于是该隐非常生气，气得脸色都变了。

耶和华对该隐说：“你为什么发怒？你为什么变了脸色？你若行得好，岂不蒙悦纳？你若行得不好，罪就伏在门前。罪必恋慕你，但你必须制伏它。”

该隐对兄弟亚伯说：“我们出去吧。”二人走到田间，该隐突然出手把兄弟亚伯杀了。

耶和华问该隐：“你兄弟亚伯在哪里？”

他回答：“我不知道，我岂是看守我兄弟的吗？”

耶和华说：“你都做了什么？听！你兄弟的血从地里向我哀告。地开了口，从你手里接受你兄弟的血。现在你必从这地受咒诅。你种地，地不再给你效力。你必流离飘荡在地上。”

讲述这个故事的时候可以向学生展示文艺复兴时期意大利画家提香的名画《该隐和亚伯》。

解释学问题：该隐为什么要杀亚伯？

深入思考题：

- 他想要达到什么目的？
- 他想要复仇吗？
- 什么叫复仇？我们为什么想要复仇？
- 他有其他选择吗？
- 上帝问该隐：“你为什么发怒？”该隐会如何作答？

起始问题 2：什么叫愤怒？

深入思考题：

- ❖ 愤怒是什么感觉？愤怒会如何改变我们？
- ❖ 发怒有道理吗？
- ❖ 发怒是对什么的回应？
- ❖ 什么能够平息怒气？发怒想要达到什么目的？
- ❖ 怒气恨什么？
- ❖ 改变我们天性中的什么会使我们不再发怒？

任务问题1：上帝造人是否不应该让我们有愤怒这种情绪？

深入思考题：

- ❖ 如果没有愤怒，该隐还会杀死亚伯吗？
- ❖ 如果没有愤怒，还会有人去伤害别人吗？
- ❖ 有些人就应该受到伤害或者需要受到伤害吗？
- ❖ 我们是否需要愤怒这种情绪？

古罗马哲学家塞内加曾在两千年前为自己的兄弟写过一篇关于愤怒的文章。塞内加属于斯多葛学派，崇尚宁静、理性，不愤怒、不感性，不受情感的影响。但具有讽刺意味的是，塞内加曾任尼禄皇帝的导师及顾问，而尼禄是史上著名的暴君；塞内加后来为躲避政治斗争而引退，但最后仍被尼禄逼迫自杀身亡。

塞内加认为愤怒“背离理智，比其他任何情感都更加狂暴。愤怒让最美丽的面孔变得狰狞，让最平静的表情变得可憎……愤怒的人青筋毕露，胸口随急促的呼吸而快速起伏，脖子拉长，声线陡升，口不择言。接着是四肢颤抖，双手无法保持平静，整个身体都紧绷起来。你看，如果面目极其可憎，内心又怎能保持平静呢？……愤怒本身就是丑陋不堪的。”

有很多人为愤怒这种情绪辩护，塞内加对此有如下回应：

阅读下文之前可以先让学生思考并讨论如何反驳“愤怒有理”

的观点，然后再看塞内加的观点。

但是面对敌人的时候还是需要愤怒的吧。并不需要。这个时候需要的不是宣泄冲动，而是冷静应对。角斗士个个技艺精湛，但很多都因怒而败。如果有理性就已经足够的话，为什么还需要愤怒呢？你认为猎手会对猎物生气吗？来则捉之，逃则追之，所有这一切靠的不是愤怒，而是理性。

亲眼目睹自己的父亲被杀、母亲被辱，只要是个好人都会愤怒吧。不对，他不应该愤怒，而是应该惩罚作恶者、保护受害者。就算没有愤怒，只是出于孝道也会有足够的动力。你也可以这样反驳："那你来告诉我，如果亲眼目睹自己的父亲或儿子在做手术，只要是个好人都会哭泣或者晕倒吗？"好人应该镇定自若、无所畏惧地尽自己的责任与义务。

好人会因为自己的朋友受到不公正的待遇而感到愤怒吧。为朋友而发怒显示出来的是这个人脆弱的心智，而不是忠诚的友谊。在这种情况下，在责任感的指引下挺身而出，充分行使意志力，维护父母、子女、朋友、同胞的利益，这才是可敬的行为；放纵感性战胜理性的冲动行为并不值得提倡。在所有情感中，没有哪一种比愤怒更急切地想要动用惩罚的手段；正因为这样，愤怒与惩罚是最不般配的一对。愤怒和其他炽热的欲望一样轻率、盲目，因此结果总是会与初衷背道而驰。

愤怒很有用，因为愤怒能够使人抗争的时候更加投入。如果事情果真如此的话，喝酒也能达到同样的目的，因为醉汉最鲁莽轻率、胆大妄为。亚里士多德曾经说过，运用得当的话，很多情感都可以当作武器来用。当然，如果人类的情感也能像真正的武器那样收发自如，这话说得的确没错。但是，亚里士多德说的这些武器根本不需要等人来用，它们自己就可以发动战争：我们不是情感的主人，而是情感的奴隶。

但是愤怒使人愉悦，复仇的喜悦是甜蜜的。绝对不是这样！以牙还牙是不对的，我们要做的不是对愤怒进行调整，而是要彻底消除它。试问：如果一件事情本身就是错误的，那又该如何对它进行调整呢？

任务问题 2：愤怒好吗？

深入思考题：

❖ 愤怒有用吗？

❖ 愤怒是一种好的道德激励吗？是一种必要的道德激励吗？

❖ 愤怒是对理智的背离吗？

❖ 愤怒残忍无情吗？

❖ 愤怒这种情绪有可能是友善的吗？还是与善良互不相容？

❖ 愤怒是自然情感吗？

❖ 柏拉图说“好人不破坏”，你认同他的观点吗？

此外，斯多葛派还认为应该消除恐惧，因为恐惧像愤怒一样都是产生非理性的根源。他们这种恐惧观的影响一直延续至今，具体表现在各种“恐惧症”上。恐惧症是较为特别的恐惧，举例来说，所有神智正常的人都会怕狮子，但是如果有人害怕纽扣，那就是比较特殊的情况了。

恐惧症具有一视同仁的“民主”特点，患恐惧症者既有勇者也有懦夫，英勇如凯撒大帝也会因为打雷闪电而瑟瑟发抖。虽然精神病学手册上将恐惧症定义为“过分或不理性的”害怕，仍有很多人都患有蜘蛛恐惧症。

人类对蜘蛛的恐惧不仅体现在儿歌和童谣里（“玛菲特小姐”），还出现在都市传说中（仙人掌爆炸、马桶圈咬人等）。在意大利南部地区，当地人都相信被蜘蛛咬伤就会被蜘蛛附体，然后死去，唯一的希望就是连跳几天几夜的毒蜘蛛舞排出毒液，但是这种疾病和治疗方法均未找到科学依据。

任务问题 3：是否存在非理性的恐惧？

深入思考题：

❖ 是否存在理性的恐惧？

❖ 蜘蛛恐惧症理性吗？

❖ 恐惧不好吗？

❖ 有没有什么是我们应该害怕的？

❖ 恐惧对避开危险来说是必要的吗？恐惧有助于避免危险吗？

❖ 危险是主观的吗？虽然形式不同，但我们是否同样脆弱？

❖ 是否存在“反应过度”这回事？

❖ 什么叫恐惧？

欲望

为这欲望赞美真主，
愿它与日俱增！

哈菲兹（Hafiz）

起始问题1：什么叫欲望？

深入思考题：

❖ 如果没有欲望这个世界会有所不同吗？
❖ 人类为什么会有欲望？欲望来自哪里？
❖ 欲望是一种力量还是缺乏力量或者其他？
❖ 想要和需要之间有什么区别？
❖ 欲望是天生的还是后天养成的？
❖ 我们的欲望为什么会变？

十九世纪，德国作曲家理查·瓦格纳（Richard Wagner）将一个中世纪的爱情故事改编成歌剧《特里斯坦与伊索尔德》。故事讲述了公主和骑士误饮爱情迷药之后疯狂地爱上了彼此，但是公主已经被许配给了宣誓效忠国王的骑士，他们的结合毫无希望，最后两个人都被欲望害死。

歌剧开场第一幕是在船上，伊索尔德公主被迫离开自己的祖国爱尔兰嫁给康沃尔国王马克。骑士特里斯坦当初建议国王迎娶伊索尔德公主，因此被国王委以重任，负责将新娘从爱尔兰带到康沃尔来。

伊索尔德在船上心烦意乱，祈祷海上刮起风暴，将自己乘坐的船掀翻。她还将满腔怒火全都发泄到特里斯坦身上，因为他们二人早就相识。伊索尔德回忆了他们当初第一次见面时的情景：有一天，她在爱尔兰海岸发现一艘小船，里面躺着一个身受重伤的外国男人。

公主治好了他的伤，帮助他恢复了健康，期间发现自己那死去未婚夫体内的木刺正来自这个男人的佩剑。这个自称坦特里斯的男人实际上就是特里斯坦，是谋杀自己未婚夫的凶手。

趁特里斯坦熟睡之时，伊索尔德高高举起他那把佩剑想要杀死他。但就在此时，特里斯坦睁开双眼，凝视着她。伊索尔德被特里斯坦热切的目光征服了，松开了手中紧握的长剑。就这样，伊索尔德向身边的人隐瞒了特里斯坦真正的身份，跟随他回到康沃尔。

尽管伊索尔德宽恕了特里斯坦谋杀她未婚夫的行为，却发现特里斯坦将她带离自己的家园只是为了将她嫁给一个她并不爱的人。公主感到自己受到了背叛，于是第二次起意想要杀死特里斯坦，这一次特里斯坦没有反抗。于是伊索尔德派人拿来了毒药，却不知被自己身边的侍女偷偷换成了爱情迷药。这一对爱恨纠缠的恋人怀着必死之心一起喝下了迷药，当他们四目交织，两个人的内心都涌动着澎湃的爱意。正在此时，水手们宣告船只已经到达康沃尔。

侍女非常后悔将毒药偷偷换成了迷药，因为她已经看到了这种不伦之爱无法逃脱的悲惨结局。但是伊索尔德安慰侍女说她并未做错，因为这一切都是爱神的神圣安排。他们之间的爱情见不得阳光，不符合世俗标准，为世人所不齿，只有死亡才能让他们永远相守。于是伊索尔德叹道：“让我们死去吧，这样我们就能永不分离。”

就在一个月光如洗的夏日夜晚，这对恋人借着夜色和树林的掩护再次幽会，却不幸被国王撞破。亲眼目睹特里斯坦的背叛让国王伤心欲绝，将国王带到花园的梅洛特向特里斯坦发出了决斗的挑战。特里斯坦接受了挑战，却在最后一刻突然将佩剑收起，任凭梅洛特的长剑刺穿了自己的胸膛，瘫倒在地。

歌剧的最后一幕讲述了垂死的特里斯坦躺在自己的宫殿里，因炽热的欲望而变得神志不清，只有伊索尔德才能够治愈他、拯救他。终于等到了公主的船，特里斯坦心满意足地死在公主的怀抱里，身心创伤从此永远得到痊愈。伊索尔德将特里斯坦紧紧抱在怀中，听他呼唤着自己的名字，最后一次与他深情注视。当马克国王走进来的时候，伊索尔德怀抱中的爱人已经渐渐冰冷。国王对死去的特里斯坦表达了深切的哀悼，解释说自己已经知道了爱情迷药的事情，所以宽恕了他们两个人。但此时的伊索尔德已经什么都不知道了，她对这个尘世已经不再有任何留恋。

在特里斯坦灵魂的影响下，不论是在波浪中、听到的声音里，还是嗅到的香气中，伊索尔德时时刻刻感受到他的存在，最后终于追随爱人而去，得到了“至高无上的幸福”。

讲述这个故事的时候应该配上音乐（以及歌剧唱词），同时准备一些歌剧的片段，YouTube 上可以找到配字幕的歌剧版本。可选片段包括：吞服爱情迷药及其效果、国王撞破幽会、国王的惊愕和沮丧，以及最后的咏叹调“爱之死”（Liebestod）。

如果学生不熟悉这部歌剧，开始讨论欲望这个话题之前可以先讨论一下歌剧这种艺术形式，让他们思考：你对歌剧怎么看？（法国文学评论家罗兰·巴特曾经说过：“如果我认为可以用愉悦程度对某个文本进行评判的话，那我就不能说：这个是好的，那个是坏的。我只能从这个文本中得出不带任何形容词的判断：就是这样！”）在为后面的解释学问题做铺垫的时候，你可以问他们是否认为歌剧这种形式非常适合爱情故事、他们认为用歌剧来描写爱情怎么样。爱情是这样的吗？爱情应该是这样的吗？

学生很可能会觉得瓦格纳很没劲、很无聊，你也可以抓住这个话题引导学生进行深入探讨。如果你认为“无聊”是个有趣的讨论话题，以下这组问题可以帮助你将课堂讨论引入另外一个轨道。这条思路会绕过下面的解释学问题，但最后两条道路还是会殊途同归，归于最后一部分关于佛教的讨论。如果有人质疑瓦格纳的作品，你可以问他们：“很多人都认为这部歌剧是经典杰作，但是你认为它很无聊。那么是你有问题吗？还是歌剧有问题？”然后提出以下问题：

起始问题 2：什么叫无聊？

深入思考题：

❖ 导致无聊的原因是什么？

❖ 什么能够让人不无聊？

❖ 无聊是什么感觉？无聊和其他感觉一样吗？你能描述无聊吗？

❖ 是否能够做什么事情来一劳永逸地避免无聊？

❖ 你是否会在不知情的情况下感到无聊？

❖ 无聊与欲望之间有什么关系？

母亲去敲女儿的房门，发现她还赖在床上。

“你上学要迟到了，”母亲说。

“我今天不上学。”

“你病了吗？”

“没，我感觉很好”，女儿回答。

“那你为什么不去上学？”

“因为上学很无聊。”

任务问题 1：无聊是不去上学的好理由吗？

深入思考题：

❖ 无聊是我们的问题还是世界的问题？

❖ 就算是很无聊的事情我们也应该去做吗？

❖ 欲望以及可能获得愉悦的结果是我们做事情的唯一理由吗？

❖ 是否存在出于义务和责任我们必须要做的事情？这是否与无聊不相干？

❖ 你对自己的无聊负责吗？

“那你今天打算干什么？”母亲问。

“什么都不干。”

“出去买东西怎么样？

“没劲。”

“看电影？”

“没劲。”

“那就去海滩吧。”

“没劲。”

“你不能什么都不干啊。”

“能干什么呢？什么都没劲。”

任务问题 2：如果有人认为这个世界没什么有趣的事情，这会是一种疾病吗？

深入思考题：

❖ 这是一种无知吗？

❖ 世界的本质是有趣的吗？

❖ 没有任何欲望是不自然的吗？

❖ 什么都不做有问题吗？

❖ 将某种心理状态归类为病态的标准是什么？

任务问题 3：无聊是件坏事吗？

深入思考题：

❖ 无聊是懒惰吗？

❖ 无聊是无知吗？

❖ 无聊是被宠坏了吗？是不知感恩吗？我们是否应该永远为自己所拥有的一切而感恩和感到满足？

❖ 无聊是缺乏想象力吗?

❖ 无聊是否不礼貌?我们应该隐藏自己的无聊情绪不去冒犯他人吗?

❖ 我们为什么不喜欢无所事事?牛马无所事事似乎就没什么问题。

❖ 无聊为什么不是我们所追求的体验?

❖ 如果你能将无聊这种情绪从人类身上彻底铲除,你会这么做吗?

❖ 克尔凯郭尔曾经写道:“无聊是一切罪恶的根源。”你认为这话是什么意思?

如果你选择了无聊这条思路,可以跳过解释学问题直接进入任务问题 1,这样佛教的禁欲理论就可以被解读为解决无聊的一种办法。如果我们永远都没有欲望,如果欲望并非我们想要的、也不是我们所期待的,那么或许我们就永远都不会感到无聊。

解释学问题:特里斯坦和伊索尔德是真正相爱吗?

深入思考题:

❖ 是否存在虚假的爱情或者虚假的欲望?

❖ 我们的某些渴望是否比另外一些渴望更加真切?

❖ 我们是否渴望得到所有想要的东西?

❖ 我们对自己的欲望负责吗?

❖ 我们能够选择自己的欲望还是只能听凭欲望的摆布?

❖ 特里斯坦和伊索尔德共赴黄泉是一种爱的表达吗?爱情是自杀性的吗?

❖ 马克国王应该宽恕特里斯坦吗?

这个问题可以从几个方面回答。一方面,上述“进一步思考题”所围绕的中心议题:迷药的使用是否意味着他们之间的爱情带有虚假的成分；另一方面，他们的情感中对死亡的追求是否能够很好地说明什么叫爱情。

瓦格纳在这部歌剧中所表达的中心议题与佛教有异曲同工之妙。佛教学说认为欲望是个很大的问题，是一切苦难的根源。此外，瓦格纳和佛教都认为解决这个问题的办法就是牺牲。对特里斯坦和伊索尔德来说，只有牺牲和死亡才能平息欲望；佛教则认为需要放弃的是欲望本身，而不是生命。特里斯坦和伊索尔德认为必须为欲望而死；佛教则认为如果想要得到更好的生活就必须放弃欲望。

佛教认为整个世界都在受“欲火煎熬”。

整个世界都在着火，
整个世界都在燃烧，
整个世界陷入火海，
整个世界都在震颤。

佛教最根本的追求就是“灭一切苦难”，认为欲望是所有悲惨、痛苦以及不满足的根源。

不论过去多少苦厄，一切皆以欲为本，因欲为生苦本，欲为诸苦所因；不论未来多少苦厄，一切皆以欲为本，因欲为生苦本，欲为诸苦所因。

没有欲望就没有苦难，生活就能变得更好。佛陀用自己的成功以身作则地教导世人要抛弃一切欲望逃离苦难：

我无欲无求，心无挂碍，
可洞观一切，清心自在。

任务问题1：人有可能做到没有欲望吗？

深入思考题：

❖ 有欲望对我们来说是坏事吗？

❖ 人的欲望有可能会太多或者太少吗？

❖ 欲望对人的生活重要吗？

❖ 欲望会不可避免地造成悲剧吗？欲望是一种苦难吗？挫败感是一种苦难吗？

❖ 消灭欲望就能消除苦难吗？

❖ 世界一直都在受“欲火煎熬”吗？用火来比喻欲望适合吗？

❖ 我们是否有感到满足的时候？

❖ 你更认同瓦格纳的观点还是佛教的观点？

❖ 我们是否能够终结一切苦难？

佛祖将无欲无求视为终极解脱之道，认为挣扎于欲望之中的我们就像是被网住的鸟儿：

世人为欲所困，
无欲即得解脱。
世人须灭贪欲，
断万千烦恼因。

假设你最爱吃巧克力蛋糕，看到就忍不住口水，非常想要吃一口，根本就控制不住自己。

任务问题 2：你爱吃巧克力蛋糕是否意味着你不自由？

深入思考题：

❖ 我们是否能够控制自己的渴求？

❖ 我们所欲之物能够控制我们吗？

❖ 我们能够选择自己的欲望吗？有选择是自由的根本吗？

❖ 欲望是一种上瘾吗？

❖ 你更想要自由还是欲望？

❖ 自由有什么用？自由有什么好？

社会

“我们”

每一个坚强的灵魂都必须减少与这个世界及其虚荣、恐惧的联系。

戴维·赫伯特·劳伦斯（D. H. Lawrence）

尽善尽美

你所有的错误都不为错。

威斯坦·休·奥登（W. H. Auden）

在希腊神话故事里，普罗米修斯从众神那里盗火送给凡人。据说这个礼物增强了我们的心智，让我们有能力进化和发展，不断改善自我，不断进步。

普罗米修斯因为这一偷盗行为受到严厉的惩罚，众神之神宙斯将他用锁链绑在岩石上，任凭风吹日晒雨淋，受尽大自然的折磨。

一天，被锁链锁住的普罗米修斯在炽热的太阳下暴晒，一只老鹰在他头顶盘旋。老鹰看清了普罗米修斯所处的环境，于是直冲下来停在他的躯体上，用尖利的鹰爪撕开了他的皮肤。老鹰上上下下地打量着普罗米修斯，不慌不忙地欣赏着自己爪下无助的猎物，然后用弯曲、尖利的鸟喙啄穿了普罗米修斯的胸膛，一口一口地吃掉了他的肝脏。

那天晚上，普罗米修斯的肝脏重又长了回来，伤口也愈合了。第二天，那只老鹰又回来了，在普罗米修斯的尖叫和泪水中再次慢条斯理地吃掉了他的肝脏。一天又一天，就这样过了三万年，这一幕每天都会上演。

想象一下你还有胆量去众神那里窃取神的能力吗？

起始问题：你会用偷来的神力改变人的哪些地方？

问学生他们想要改变什么的同时他们会怎么做。例如，如果有人说想让人类更关心环境，问他们为了做到这一点需要改变人类本性中的哪些地方（改变通常意味着增加什么或者减少什么，如增加同情心，减少贪念）。

任务问题1：人类是个令人失望的存在吗？

深入思考题：

- 人类有缺点吗？
- 我们应该比现在更好吗？
- 我们能比现在更好吗？
- 我们足够好吗？
- 某些人是否比其他人更多／少缺点？
- 如果我们是有缺点的，那么我们生来如此吗？
- 为了知道自己是否有缺点，我们应该把自己跟什么相比？
- 是否每个人都尽了自己最大的努力？
- 如果我们没有缺点，这是否意味着我们是完美的？

你可以将起始问题中的观点运用到这个问题上，如果人性是可以改变的，那么这是否意味着人性是可以追求的？人性在某些方面有缺失？人性是有缺陷的？如果人性不存在任何问题，那么为什么还要去改变它、修正它？

二十世纪二十年代在苏联，一群名为布尔什维克的革命者认为普罗米修斯的故事不仅仅停留在神话传说里，认为他们能够改变世界，并在改变世界的同时改变人类。他们相信人和科技（现代意义上的“火”）一样都是可以被设计、可以变得更好、可以不断发展的。布尔什维克的领导人之一里昂·托洛茨

基（Leon Trotsky）曾经这样写道：

人类这一物种将会发生根本性的改变，人会变得无比强壮、睿智、敏锐。人的身体会变得更加协调，动作会变得更加优美，声音会变得更加动听。到那个时候，即使是一个普通人也能达到亚里士多德、歌德或者马克思这样的高度，并在此基础上出现新的高峰。

任务问题 2：有可能存在完美的人吗？

深入思考题：

❖ 你能想象存在完美的人吗？完美的人会是什么样？

❖ 人类在进步吗？

❖ 什么叫进步？

❖ 有些人比其他人更加完美吗？

❖ 一个人可以好到什么程度有边界吗？谁曾经最接近那个边界？

❖ 人可以永无止境地进步吗？有没有终点？

❖ 我们从本质上说都是有缺陷的吗？我们是否永远都无法做到完美？

❖ 什么叫完美？完美的反面是什么？

❖ 如果你对某物不想做任何改变，这是否意味着它是完美的？

❖ 完美这个概念本身是否就存在缺陷？这个观点是否反人类？

对最后这个任务问题的讨论有可能会出现不同的方向，其中包括讨论多元化这一主题以及完美这一概念会不会否认世界上人与物的多样性，讨论神学问题以及耶稣是不是属于人类，讨论文化中整容、瘦身、贞洁等完美女性模式及其背后的厌恶女性思维，这种文化是否也暗含着对完美男性的要求和规范。

回答最后一个问题讨论完美这个概念的时候，你可以问学生有谁能想出一个完美的实际例子来。如果你想象不出完美的人是什么样子或者不相信存在这种完美的人，那么你能想象得出或者曾经亲身体验过任何完美的事情吗？比如说一顿完美的晚餐？一个完美的声音？一种完美的气味？一个完美的句子？一幅完美的画？一朵完美的花？一个完美的天气？不管是哪一种情况，完美真的存在吗？

乌托邦

如果一个俱乐部里有像我这样的会员，那我绝对不想加入这个俱乐部。

伍迪·艾伦（Woody Allen）

这是前一篇的姊妹篇，前一篇讨论的是个人的完美性，这一篇讨论的是社会的完美性。

乌托邦是一个并不存在的理想社会，这个词的本意就是“任何地方都没有”。乌托邦是我们想象出来的地方，是对新开始的规划，是告诉别人只要你肯听一切就能如此美好。

很多人都曾经描述过乌托邦。柏拉图认为理想的社会是没有家庭的，培根相信科学能够教化人类。英国诗人约翰·弥尔顿（John Milton）认为人类曾经过着天堂般的生活，男女赤身裸体毫无羞耻之心，饮泉食果，与雄狮嬉戏玩耍，但是这一切全都毁于罪孽。另一位英国诗人威廉·莫里斯（William Morris）则倡议用刺绣代替惩罚和学校，赫伯特·乔治·威尔斯（H. G. Wells）则干脆呼吁对“不合时宜者”进行绝育。

英国作家劳伦斯1915年在前人的基础上更进一步，曾经认真考虑推行没有金钱的乌托邦。他认为“每一个强大的灵魂都必须斩断与这个社会的联系，抛弃它的虚荣与恐惧”，同时考虑可以叫上哪些朋友一起去那个名叫拉纳尼姆的小孤岛。

但究其就里，乌托邦正是用展现潜在的完美这种方式揭示了人类实际上的堕落，用告诉人们美好的世界应该是什么样来衬托现实世界的败坏。从这种意义上说，乌托邦就是披着欲望外衣的焦虑和沮丧。

乌托邦所讲述的是重生的故事，想象了一个建立在全新基础上的理想社会形式，教导人们如何通过共同努力革命性地改变我们的生活品质。乌托邦的特点是根深蒂固、普遍存在的和谐、秩序以及使命感，而这些一般可通过科技、自由或者理性得以实现。

以下是对几种乌托邦主要观点的总结：

1、整个社会就像是一个大家庭,每个人都待长辈如自己的父母，视同辈为自己的兄弟姐妹。他们的领导不是“首相”，也不是“总统”，而是至高无上的父亲或者母亲。这种社会的座右铭是：同一个民族，同一个血脉。每天早上九点整，所有的工人和学生全都一起背诵誓言：“我属于这个大家庭，我是至高无上父亲的孩子。我将努力为家族与父亲增光，我绝不会转身离开。安全、永久、忠诚，这些是我们的基本原则，我将尽我所能保护这些原则。”在这样的社会里没有婚姻制度，因为大家庭里的每个人都是家人，生养及抚育的责任由随机选定的成年人承担，繁衍后代是公民应尽的一项义务而非出于个人喜好。

社会实行义务兵役制，所有十四至十八岁的人都必须服兵役，他们相信这有助于塑造有勇气、有自豪感的公民。公民年满十八岁就必须开始工作，每个人所从事的职业在出生之日就已经被规定好的，而且必须一直做到离开人世的那一天。儿童所接受的一切教育和培训都围绕着即将从事的职业，不得学习任何其他无关的学科，只有将来从事与文字有关职业的孩子才会学习阅读和写作。这里没有选举，领导人不是通过选举产生的，用他们自己的话来说，家庭无关选择而是命定。这里没有贫困也没有失业，几乎没有任何犯罪行为，政府满意度调查报告显示 98% 的人“抱有适当的积极生活态度”。

2、这群人或许不能称之为社会，因为他们在幅员辽阔的荒野中生活，而且并不住在一起，过着自给自足的独立生活。他们之间会有一些贸易，但大部分情况下都是自给自足。他们自己种粮食、自己建造房屋、自己做衣服。他们很少与其他人接触，一旦与人相遇很有可能血腥收场。这些人不遵守任何法律，所有事情都是私人事务。如果有人被杀或者财产被盗，那么复仇的责任就落在受害者的家人身上。虽然这群人并非不分青红皂白地攻击他人，但对自己的领土具有非常强的保护欲，为了自己的生存会不择手段。如果庄稼颗粒无收，他们不会认为抢夺他人的收获有什么不对。这里没有道德感这种东西，人们也不相信某件事应该怎么做才是对的，他们只相信能够决定事情发展方向的权力与力量。

3、这个社会里没有犯罪、没有精神障碍、没有身体残疾者、没有不治之症，这里人们的平均寿命长达 105 岁。这是一个科技发达的社会，通过操控和改造公民的基因构造保障各方面的成功。这里的婴儿没有一个是“自然”出生的，法律规定每一个孕妇都必须做基因筛查，要求遗传学家必须剔除某些基因特质，如果允许阿尔茨海默氏症基因通过筛查将会被判为有罪。

在这个社会里，治疗疾病这一概念早已经成为历史，就像今天的我们嘲笑过去医生所使用的放血疗法一样。疾病不需要进行治疗，因为疾病一开始就不存在，那里根本就没有癌症这回事。如果筛查结果发现了有犯罪倾向的基因，则根据法律规定必须将其剔除。该规定同样适用于会导致以下病症的基因：抑郁症、躁郁症、“具颠覆倾向的障碍症”（我们对其并没有什么认识，它的定义为“一种反对权威的态度和行为倾向，虽然本身并没有什么问题，但是一旦遭受过度压力和挫折就会导致其他精神健康问题”）以及其他精神和心理疾病。

虽然有这样的法律，但这个社会仍认为自己是一个宽容和多元化的社会，为家长提供很多选择。例如，父母可以自由决定孩子的性别和性取向，也可以选择随机性。不过大部分家长不会放弃选择的机会，都会事先选定孩子的性格及相貌，希望自己的孩子能够有运动员的体魄、象棋大师的智商、艺术家的想象力。虽然号称是一个多元化的社会，这里还是会有时尚潮流，就像我们所处的这个社会一样。我们有很多父母都会给自己的女儿起名叫布兰妮，这个社会在特定时期出生的婴儿长大以后也会有很多像某些演员或歌手。时尚潮流是自由的一种表达形式，这个社会相信其基因科技能够让每一个人都变得更加自由。

起始问题 1：哪一种乌托邦最好？哪一种乌托邦最不好？

深入思考题：

❖ 哪一种乌托邦最现实？那一种乌托邦最不现实？

❖ 请分析一下每一种乌托邦认为我们这个社会到底哪里出了问题？

❖ 这几种乌托邦是否有哪一种与我们所处的社会有相似之处？

起始问题 2：你的乌托邦会是什么样的？

这个问题可以作为集体头脑风暴的讨论题，然后将所有人的观点做一个汇总；也可以将学生分成小组进行讨论，要求每个小组先讨论，然后记录共同观点，并在全班同学面前陈述小组意见。当然，你还可以进一步发挥，挑选两个意见截然相反的小组，让他们在课堂上进行辩论，看哪一组能够说服全班自己的乌托邦才是最完美的理想国，最后组织全班学生投票，看他们更愿意生活在哪一种理想国里。

辩论赛可以采用英国议会的辩论风格，双方轮流派出队员发言，每个发言人负责介绍及解释本方乌托邦的一个特点、进一步阐述前一名队员的观点或者批驳对方的观点。每个发言人的发言时间相同，最后一名发言人负责总结本方主要观点及对方观点的主要问题。如果你希望其他同学也能够有机会参与辩论，则可以请他们积极提问、评论、或者质疑发言者的观点。

任务问题 1：我们的社会是否存在巨大缺陷？

深入思考题：

❖ 我们这个社会有哪些地方非常优秀？

❖ 我们这个社会有哪些地方非常糟糕？

❖ 谁应该为社会所存在的缺陷负责？

任务问题 2：有可能存在完美的社会吗？

深入思考题：

❖ 一个社会好到什么程度有界限吗？

❖ 我们的社会距离那个界限有多近？

❖ 我们是否可以永无止境地改善社会？是否有尽头？

❖ 我们从本质上说就是有缺陷的吗？我们是否永远都无法做到完美？

❖ 完美这个概念本身是否就存在缺陷？

财 产

啊！婚姻的烦恼！
我们可以把这些可爱的人儿据为己有，
却无法掌控她们的各种欲望。

奥赛罗（Othello）

起始问题：请在脑子里想一件你拥有的东西。“我拥有这件东西”是什么意思？

这个问题至少有两大部分组成：是什么让你成为拥有者？“拥有”的资格是什么？回答第一个问题的时候，如果有人说买下某个东西的时候就拥有了它，那么你可以继续追问：如果有人从拥有者手里买下这个东西呢？人类历史上没有开始使用钱的时候又是如何“拥有”某个东西的呢？如果世界上不再有金钱这个概念，还会有人拥有什么东西吗？金钱是一种社会约定还是保护物权交换？“拥有”这个概念到底属于道德范畴还是社会公约？换言之，为什么偷窃不对？

我们总是说自己所拥有的东西是“我的”，你也可以从这里入手，让学生列举有哪些东西可以放在“我的”后面，如“我的脚趾”、“我的学校”、“我的生日”、“我的上帝”。可以在前面加上“我的”这个前缀就一定意味着“拥有”吗？如果答案是否定的，那它是什么意思？一个东西有可能不为我们所拥有但是“我们的”吗？

奴隶制一直都存在。在历史上，埃及有奴隶，罗马和希腊也有奴隶（罗马人的有些奴隶是从英国抓来的），早在大西洋奴隶贸易兴盛之前整个非洲就已经有了奴隶制度。

欧洲各国一手策划了大西洋奴隶贸易。在350年时间里，有1200万非洲人被强行带离自己的家园、戴上锁链被塞进船舱横渡大西洋，开始身为奴隶的悲惨人生。他们中有很多人被卖给甘蔗种植园主，为满足欧洲人对甜品的欲望终日劳作。

1807年英国宣布奴隶贸易非法，58年后美国彻底废除奴隶制度。然而直到今天，奴隶制仍然存在。

什么叫奴隶？奴隶就是被抓、被卖、被强迫工作的人。1768年，一个能够在煤矿工作的24岁男性售价大约为90英镑。奴隶对自己的命运毫无发言权，奴隶就是被人当作机器对待的人，就像是我们走进一家商店，可以考虑到底是买一部洗衣机还是买一个洗衣奴回去。一旦你买下了某个奴隶，他们就成为你的财产，你就拥有他们，是他们的主人（奇怪我们为什么不会说自己是洗衣机的主人）。

以下摘自一位旅行者拜访美国弗吉尼亚州烟草种植园后所写的游记：

这里有数不清的黑奴，有些绅士拥有数以百计的黑奴，各种类型的都有，他们为主人带来巨大的利润。为了保证这一点，奴隶主有义务让自己的奴隶保持良好状态，不让他们过度劳作或饥馁而死，虽然确实也有些奴隶主不在意自己的利益和声誉，对待奴隶十分残忍和随便。

这段叙述文字完全将奴隶当作获取利润的工具。六世纪非洲有位诗人苏海姆（Suhaym）生下来就是奴隶，但他相信自己的地位并不受身份的限制。他在诗中这样写道：“虽然我生而为奴，灵魂却自由如贵族。”

解释学问题1：你认为苏海姆这句话是什么意思？

任务问题1：有可能“拥有”人吗？

深入思考题：

❖ 有可能“拥有”一个人的灵魂/思想吗？

- ❖ 有可能“拥有”一个人的身体吗?
- ❖ 一个人有可能被别人“拥有”的同时又是自由的吗?
- ❖ 我们有可能被别人控制吗?
- ❖ 不论从哪个意义上说，我们会是别人的“产品”吗?
- ❖ 做某人的“主人”是什么意思?
- ❖ 对某人负责就是拥有这个人吗?
- ❖ 从本质上说有可能“拥有”任何东西吗?

回答这些问题可以和起始问题联系起来。如果有人说某物的创造者就是该物的所有者，你可以提问，人是不是被创造出来的，如果是的话，创造者是谁?创造者是不是所有者?如果有学生说拥有某样东西就意味着能够想怎么样对它都行，那么这同样适用于人吗?如果孩子是家长“创造”出来的，所以家长“拥有”子女，那么这是否意味着他们可以随心所欲地对待自己的孩子呢?就像他们可以随心所欲地刮花自己的汽车?

下列解释学问题是为了引导学生思考什么叫“自我拥有”。上帝给摩西的回答表示自我是一个简单的整体，但是伊阿古的自我却是破碎和分裂的。我们是完整的一体还是破裂的碎片，对认识我们是否拥有自己这个问题至关重要。那么，我们到底能不能拥有这样一个难以捉摸的矛盾体呢?

《出埃及记》中记载了上帝在燃烧的荆棘丛中向莫西显现。当时以色列人在埃及为奴，上帝对摩西说会帮助以色列人逃离迫害并说摩西将会带领他们逃出埃及。

摩西不知道该如何向以色列人说这件事，便询问上帝的姓名，于是上帝回答：“我是自有永有的”，希伯来文直译为“我是”，即“我就是我”。

解释学问题 2：你认为上帝这句话是什么意思?

深入思考题：

❖ 上帝的回答有可能同样适用于我们吗？

莎士比亚四大悲剧之一《奥赛罗》中所发生的一系列事件背后有一个邪恶的推手：伊阿古。他用谎言和智力编织了一张大网，让奥赛罗相信自己的新婚妻子不贞，最后彻底摧毁了奥赛罗的婚姻。在嫉妒和绝望的双重打击之下，奥赛罗掐死了爱妻，然后在妻子死后才发现她是清白无辜的，知道妻子对自己的爱从来都没有动摇过，于是也自杀追随妻子而去。伊阿古的计划成功了。

伊阿古是谁？他为何如此残忍？戏剧刚开始的时候他曾经反用上帝的那句话，说“我并不是我。”

解释学问题 3：你认为伊阿古的这句话是什么意思？

深入思考题：

❖ 伊阿古这句话有可能同样适用于我们吗？

任务问题 2：我们是否拥有自己？

深入思考题：

❖ 我们是否拥有自己的灵魂 / 思想？我们是否拥有自己的身体？

❖ 我们是否拥有自己的欲望？

❖ 我们是否拥有自己的人生？

❖ 我们是否会失去对自我的拥有？

❖ 你的父母拥有你吗？

❖ 我们不被人拥有还是不可被人拥有？

❖ 我们对自己有控制权吗？

❖ 我们是自己的创造者吗？

❖ 我们对自己负责吗？

❖ 被拥有的反义词是什么？

❖ 我们是什么？

回答这个问题之前可以先让学生回答另一个问题：谁拥有你？并让他们尽可能列出想得到的所有答案：没有人、大自然、父母、你自己、政府、老师、时间、欲望、良心、上帝等等，然后让学生根据其对我们的控制力从大到小为这些答案排序编号并进行讨论，最后再回到任务问题上来。

任务问题 3：世界上的一切都是被某人所拥有的吗？

深入思考题：

❖ 有没有什么是每一个人都拥有的或者应该拥有的？

❖ 有没有什么是不可能失去对其拥有权的？

❖ 如果上帝存在的话，他是否拥有一切？

智 力

《可兰经》并没有教导我们要平和地接受苦难，我们的宗教教导我们要有智力。

马尔科姆·埃克斯（Malcolm X）

起始问题1：你能想到的最有智力的人是谁？哪些方面表明他们有智力？

起始问题2：什么叫智力？

你还可以考虑继续追问：“智力对我们有什么帮助？智力可以用来做什么？”这些实际问题能够引导学生从身边的人和日常生活入手，有助于将问题和讨论具体化。

IQ指智力商数，简称智商，用来衡量一个人的智力水平有多高。以下是IQ测试中常见的一种题型：

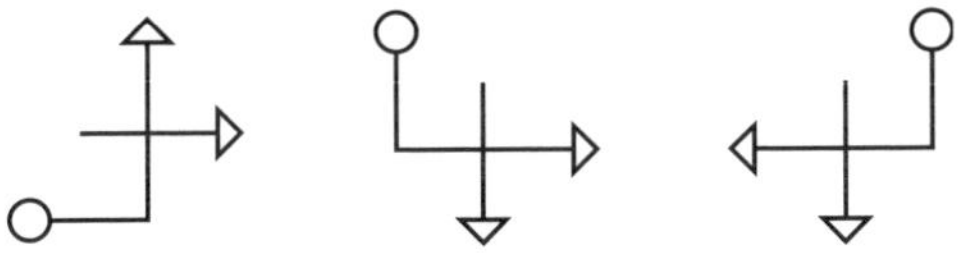

A.

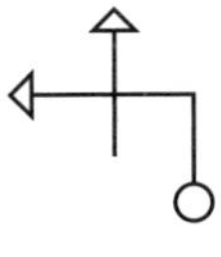

B.

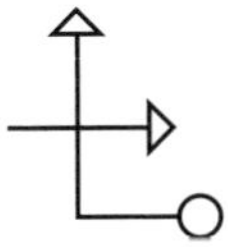

C.

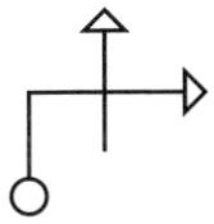

D. 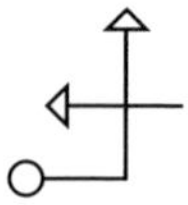

解释学问题 1：第四个图形应该是 ABCD 中的哪一个？

深入思考题：

❖ 如果你回答不上来，这是否说明你没有智力？

任务问题 1：智力是可以被衡量的吗？

深入思考题：

❖ 人与人之间的智力可以进行比较吗？

❖ 某些人是否比另外一些人智力水平高？

❖ 智力水平因人而异吗？智力是一种个人风格吗？

❖ 如何衡量智力应该由谁来决定呢？（如果由智力水平最高的人来定，那么在没有衡量标准的情况下我们怎么知道哪些人的智力水平最高呢？）

❖ 应该对人的智力水平进行衡量吗？

❖ 我们有哪些特点和因素是无法衡量的？

古希腊哲学家柏拉图认为智力就像光束，能够让我们看到别人看不到的东西，没有智力的人就像盲人一样永远处在黑暗中，永远无法真正了解这个世界。以下对话选自柏拉图的著述，讨论的是智力的政治意义：

“如果让一名看守留意什么事情，那么他到底应该是盲人还是明眼人，这不是很显然的事情吗？”

“的确是这样。”

“你能看到盲人与缺乏一切知识和认知人之间有什么区别吗？他们都看不到最真实的存在，所以无法真正认识日常生活中的真善美。”

"我看不出有什么区别"，他回答道。"这些人和盲人之间没什么区别啊。"

"那么我来问你，这些人应该被任命为统治者吗？还是应该任命那些了解每件事情本质的人，那些对实际事务拥有丰富经验的人，那些在其他领域也不输给佼佼者的人？"

"如果第二组的人在其他事情上也很出色，不选他们也太荒谬了吧！因为知识是最重要的因素，他们已然占据了知识的最高峰。"

解释学问题 2：这段对话讨论了什么问题？

简而言之，就像我们都希望给自己开车的司机拥有最好的视力，柏拉图认为应该由智力水平最高的人掌握社会的控制权、拥有最大的权力。

几百年后，意大利经院哲学家托马斯·阿奎纳(Thomas Aquinas)再次重申了柏拉图的观点："智力超群的人很自然地掌握指挥权，而那些智力水平较低的人……似乎天性就应该当仆从。"

任务问题 2：智力水平最高的人应该拥有最大的权力吗？

深入思考题：

❖ 智力像视力一样吗？拥有智力是否意味着比其他人更能看清这个世界？

❖ 智力是天生的吗？

❖ 有些人是否比另外一些人更了解这个世界？

❖ 对统治者来说，知识是否为"最重要的因素"？

❖ 应该如何决定由谁来掌握权力？

❖ 是否应该有人掌握比其他人更大的权力？

听学生阐述自己的观点和理由的时候，可以让他们回到上面的对话并回答他们同意或反对其中的哪些观点。

任务问题 3：我们是否需要智力？

深入思考题：

❖ 我们是否需要智力才能存活？

❖ 我们是否需要智力才能活得好？

❖ 我们是否需要智力才能当个好人？

❖ 婴儿需要智力吗？

❖ 动物需要智力吗？

❖ 树木需要智力吗？

❖ 拥有智力是件好事吗？

道德与法律

将同一种法律施于雄狮和公牛，这就是压迫。

威廉·布莱克（William Blake）

起始问题 1：什么叫法律？

深入思考题：

❖ 法律有什么用？

❖ 法律由谁制定？在民主制度下，由人民负责制定法律是否有效率？

❖ 为什么我们要说“破坏”法律？

❖ 道德和法律不同吗？

❖ 我们为什么要有法律？

起始问题 2：有没有什么法律是你不认可的？

深入思考题：

❖ 我们应该遵守自己并不认可的法律规定吗？

❖ 违反法律是修改法律的一种方式吗？

❖ 修改法律是违反法律的一种方式吗

你可以引用一些具体的例子，如一系列药物管制法、禁止在国会广场自由露营或抗议的《2011年警察改革与社会责任法案》，或者允许无限期拘留移民的《1971年移民法案》。

俄国十九世纪著名作家陀思妥耶夫斯基

（Fyodor Dostoyevsky）的《罪与罚》讲述了青年拉斯柯尔尼科夫的故事。为了证明自己的脱俗不凡、与众不同，他相信自己可以凌驾于法律之上，杀害了两个女人。

以下这段文字总结了他的主要观点：

所有人都能被分为“普通”和“非凡”两大类。普通人必须毕恭毕敬地生活，无权僭越法律。为什么？这不明摆着吗，就因为他们是普通人。而非凡的人就有权犯罪，可以凌驾于法律之上，因为他们不是普通人。

杀人之后，他向一位朋友坦白了自己的罪行：

“我就是想要杀人，不需要任何理由和辩解，就想为自己去杀人，只为我自己！我不想对别人撒谎，也不想对自己撒谎。我杀人不是为了帮我母亲——这也太扯了——我杀人也不是为了钱、不是为了权。这些都太扯了！我就是杀人了，为我自己，就是为我自己……索妮娅，我可不是为了钱。实际上我并不想要多少钱，我想要别的东西……我现在才知道……懂我吗！也许我从此不应该再去犯罪了，我当时想要的是别的东西，所以我才会动手的。我当时就是想知道自己是个跟别人一样的可怜虫还是个男子汉，到底能不能迈过这个坎，到底敢不敢弯腰拿起那把斧头，想知道我到底是一个战战兢兢的可怜虫还是有这个权利……”

“什么权利？杀人的权利吗？”索妮娅握紧了自己的手。

解释学问题：拉斯柯尔尼科夫说“杀人的权利”是什么意思？

深入思考题：

- ❖ 所有人都能被分为“普通”与“非凡”两大类吗？
- ❖ 是否应该用同样的标准衡量所有的人？
- ❖ 是否存在天才？
- ❖ 是否存在英雄？

❖ 有些人是否比自己所处的社会还要大？

❖ 社会是否限制我们？

❖ 爱默生（Ralph Waldo Emerson）曾经这样写道："我不惧怕任何法律条规，但惧怕我自己的本性"，你认同他的观点吗？

任务问题 1：是否有人拥有违法的权利？

深入思考题：

❖ 拉斯柯尔尼科夫有权违反法律吗？

❖ 我们应该最相信自己的良知吗？

❖ 我们应该遵守自己所处社会的各项规定吗？

❖ 如果你有权制定法律，那么你是否有权违反它？

❖ 权利来自何处？

❖ 我们的权利是否由法律进行规定？

❖ 到底是什么赋予法律对我们进行规管的权利？

拉斯柯尔尼科夫认为法律并不适用于非凡之人。就算法律明文规定某个行为是错误的，实际却并非如此，我们之所以相信它是错的只不过是因为法律是这样规定的。

任务问题 2：如果没有了法律，那么还会有对与错吗？

深入思考题：

❖ 我们发现了道德还是发明了道德？

❖ 如果是我们发现了道德，那我们是怎么发现的？通过我们的感官吗？通过我们的良知吗？还是通过我们的本能发现的？

❖ 如果是我们发明了道德，那么它的功能是什么？

❖ 法律是钳制我们不道德本性的必要工具吗？我们的本性是不道德的吗？

❖ 法律应该禁止一切错误的事情吗？

这个任务问题及后面的任务问题主要探讨价值的最终源泉。你有可能会听到这样的回答：没有了法律还是有对错，因为我们还有上帝或者因为我们拥有权利、我们可以受苦。所以你可以根据不同的答案进一步追问：如果没有了你说的这个（任务问题3中的“x”），那么还会有对与错吗？就这样一直追问到不再有对和错，也可以直接跳过这一步提问下面第一个深入思考题。

任务问题 3：如果没有了 x，那么还会有对与错吗？

深入思考题：

❖ 没有什么会让这个世界不再有对与错？

❖ 这个世界本来的样子与它应该有的样子之间存在着差别，我们是如何形成这一观点的？

❖ 到底是什么让我们拒绝接受世界本来的样子？什么让我们接受世界本来的样子？

❖ 没有道德我们是否能活？

❖ 什么叫道德？

金 钱

当然，西方实际上已经成功解决了阶级问题。

法兰西斯·福山（Francis Fukuyama）

请想象一个外星人来到地球上，外星球上根本就没有钱这种东西。

起始问题：你认为关于钱最让外星人感到困惑的是什么？

深入思考题：

❖ 什么叫金钱？

❖ 人为什么想要钱？婴儿为什么不想要钱？

❖ 为什么人是唯一使用金钱的动物？

❖ 为什么有些人钱多有些人钱少？为什么不能平分金钱？

❖ 金钱是一种奖励吗？

❖ 为什么钱多的人在社会上的权力也大？

❖ 如果人们为钱而奋斗和献身，这是否说明金钱是一种宗教？

他是世界级的顶尖前锋，效力于全球最好的足球俱乐部之一，连续三个赛季被足球联盟评为最佳射手，是他所在俱乐部赢得冠军联赛奖杯的最大保证。他的名字被印在世界各地的球衫上，到处都有他的球迷。但是，他的队友一点都不喜欢他。

他的薪水是队友的近两倍，拥有巨额收入的他过着外人无法想象的奢华生活，这个世界几乎没有什么东西是他买不到的。队友认为这不公平，认为每个球员的薪水都应该一样。

于是他们决定采取行动，开始罢工，拒绝参加任何比赛也拒绝训练，要求俱乐部也给他们同样的薪酬待遇。

但问题是俱乐部没有那么多钱，不能让每个球员都享受和“明星球员”一样的薪酬。于是管理层考虑将他的薪水削减近 50%，省下的钱让其他球员平分，这样全队薪酬水平就能保持一样了。

任务问题 1：俱乐部应该这么做吗？

深入思考题：

❖ 最有才华的球员理应领取最高薪资吗？

❖ 最努力的球员理应领取最高薪资吗？

❖ 某些人理应比其他人得到更多吗？

❖ 有没有可能出现得到太多的情况？

❖ 就算有些人赚钱更多，这有问题吗？这和我们有关系吗？

❖ 球员赚太多钱了吗？有没有“赚太多钱”这回事？

试想如果俱乐部决定采取平均薪酬政策，明星球员接受了大幅减薪，其他球员薪水上调，整个球队人人享受同等水平的薪资待遇。

但是，这些腰缠万贯的球员所采取的行动让更多人动起了脑筋。

更衣室的工作人员认为自己也是整个球队的组成部分：他们为球员洗衣、擦鞋、打扫更衣室。如果球员认为每个球队成员都有资格享受同等待遇，这不就是说更衣室的工作人员也有资格要求与球员同样的薪酬吗？

实际上，球员的收入是更衣室工作人员的两百倍。他们住豪宅、开豪车，享受最好的医疗保健服务，可以送子女读私立学校；而更衣室的工作人员则每天都要为房租、暖气、学费发愁，因为生活上的入不敷出和各种艰辛，他们的平均寿命比富有的球员至少要短十年。

更衣室的工作人员认为这不公平，毕竟他们也是这个团队的一员。于是他们开始罢工，要求俱乐部给他们同样的薪资待遇，否则坚决不会返回工作岗位。

当然，俱乐部付不起那么多钱，只能将球员的薪水削减九成分给更衣室的工作人员。就这样，球员们的收入大幅减少，但清洁工人的薪水足够自己和一家人过上富裕无忧的生活。俱乐部的每一个人都享有同等水平的薪资待遇。

任务问题 2：俱乐部应该这么做吗?

深入思考题：

❖ 更衣室的工作人员是球队的一员吗?

❖ 球员的身份特殊吗? 高人一等吗?

❖ 球员的家人应该过他们那种奢华的生活吗?

❖ 更衣室工作人员的家人应该过他们那种入不敷出的生活吗?

❖ 分享的本质是好的吗?

❖ 经济不平等有可能是公平的吗?

❖ 贫困一定是坏的吗?

假设俱乐部真的这么做了，那么这里所发生的一切就都成了新闻头条，引起了公众和各界的热烈讨论。

全国各地的工人都开始质疑自己所得薪水的公平度。他们深受足球俱乐部更衣室工作人员的启发，也大胆发出自己的声音："我们也是团队的一员，对不对? 我们也是这个被称为经济的一个组成部分，每一个团队成员都应该得到同样的待遇。为什么有些人生活得如此挣扎而有些人却如此富裕? 同一个社会上有些人拥有的财富少得可怜而有些人则富可敌国，这怎么可能是对的呢? "

于是全国的工人都开始罢工。贸易停滞、商店关门、交通系统全部瘫痪、街道上堆满了垃圾。工人们表示，如果政府不答应他们要求平等薪酬待遇的条件，他们就绝不复工。

任务问题 3：政府应该答应他们的要求吗？

深入思考题：

❖ 每一个人都是团队的一员吗？

❖ 什么叫我们的团队？是我们的国籍吗？我们的经济？我们的人性？

❖ 我们全都是独立的个体吗？我们应该关心陌生人的生活吗？

❖ 有些人是否比其他人更有价值？对谁有价值？

❖ 一个人所得报酬反映他们的价值吗？

❖ 如果每个人都能得到同样的薪资待遇，那么什么样的工作才会被认为是“成功”的工作？

❖ 所有人都是平等的吗？我们拥有哪种共性让我们全都平等？

❖ 不平等会是件好事吗？

❖ 我们需要等级制度吗？

街头艺术

我就是不明白，这个世界能够创造出如此美妙的东西，它怎么可能是坏的呢。

《小美人鱼》爱丽儿（Ariel）

如果想找街头艺术的例子，你可以上网搜索安德鲁·舒尔茨（Andrew Schoultz）与亚伦·诺博尔（Aaron Noble）在旧金山的壁画作品《发电机》（Generator）或者洛杉矶涂鸦艺术家加俊藤田（Gajin Fujita）的作品给学生看。当然，你也可以要求学生在课上展示自己喜爱的街头艺术家作品。

当然，《发动机》是应房屋主人的要求和委托绘制的作品，不过舒尔茨也偷偷摸摸地画了不少壁画，直到有一天被人抓了个现行并被勒令清除自己的画作，这让他自己也感到十分吃惊："我一直都觉得就算作画的时候被人抓到，但是因为画得实在是太漂亮了，房主会对我说：'这太 TMD 赞了！请继续画吧'。"

有个孩子在一幢房子的外墙上用喷罐颜料涂鸦，画的是长翅膀飞翔的长颈鹿和吹奏小号的蓝鸟。警察抓到了这个涂鸦的孩子，命令他放下手中的颜料喷罐。但是孩子要警察等他一分钟，让他完成这幅画。

在去警察局的路上，警察和孩子有了以下的对话：

警察： 你是不是脑子进水了？记住，永远都不要让警察等！知道吗，你们这种人光天化日之下敢到处喷的还真不多见。

孩子： 那面墙太没劲了，我这可是为你们做了件大好事。

警察： 你这是蓄意破坏。

孩子： 啥？

警察： 蓄意破坏，就是说你有意毁坏建筑物。

孩子： 那是你说的，我觉得自己做了件了不起的事。

警察： 这不是我说的，这是法律说的，你无权破坏他人财物。

孩子： 是啊，我知道啊。

警察： 可你不还是做了啊？

孩子： 我无权破坏他人财物，好吧。但是那面墙又不是他人财物，它是我的。

警察： 怎么会是你的呢？那可是有人花了大价钱买的，那是他们的房子。

孩子： 你肯定觉得那面墙在房子的外侧，对不对。但实际上并不是，那面墙是公共街道的内侧，我每天都能看到那面墙。

警察： 那面墙属于那幢房子，那幢房子属于屋主，现在屋主需要花钱请人清理那面墙，否则他就得每天面对你那幅难看的涂鸦。

孩子： 那些房子才叫难看呐。你知道吗，他们为了建那些房子拆了我们的滑板场。那家伙盖厨房的地方，就他现在放吧台凳和大冰箱的地方，那儿本来是我和朋友们滑滑板的地方。我又没让他们在那里盖房子，没人让他们在那里盖房子。你说，盖那些房子难道不是破坏他人财物吗？

警察： 破坏他人财物？！那可是市政厅批准的建筑项目，那些可都是住宅房。

孩子： 那又怎样？这条街道就是我家，那面墙就是我家。本来我也不在乎你们用建筑破坏我的城市，但是我有权给这些建筑涂点儿颜色。

警察： 这个城市是家庭和商业的，是诚实的人一手建设起来的，属于勤劳的人和做正确事情的人。

孩子： 你和我的区别就在于，你想把街道变成监狱，我想把街道变成美术馆；你想把墙壁变成分界线，把我们划到外头把房主关到里头。其实谁在外、谁在里有什么关系呢？只要有分界线全都一样，所有人都被关起来了。

警察： 孩子，你这些话我听得太无聊了。

孩子： 艺术就是说你可以用自己喜欢的东西代替不喜欢的东西。我本来非常恨那面墙，现在我喜欢它了。你呢？除了法律与秩序你什么都不喜欢。我热爱美，美受不了法律和秩序。这个你是控制不了的。其实我就是想说：给美一个机会，好吗？

警察： 孩子，你那些涂鸦根本就不美好吗。那不叫艺术，就是随手涂鸦。艺术是很严肃的事，经得起时间的考验，就像《蒙娜丽莎》那样，不可能是被清理的对象或者在室外任凭风吹雨淋日晒。

孩子： 涂鸦对我也是件严肃的事，我也看不出自己和达芬奇之间有什么区别。当然了，唯一的区别就在于他已经死了，而我还活着。

让学生分角色朗读上述对话会很有趣。将全班学生两两分组朗读对话并思考其扮演的角色会怎样坐、怎样说话、视线望向哪里、会做什么手势等。鼓励学生即兴发挥、根据角色的身份和性格提出相关论点并回应对手提出的观点。挑选一个小组在全班面前表演。

任务问题1：你站在孩子一边还是站在警察一边？在房屋上涂鸦是不对的吗？

深入思考题：

❖ 房屋的墙壁是房主财产的外侧还是公共街道的内侧？

❖ 谁拥有一条街道？谁拥有一座城市？

❖ 建筑物有权让我们感到无聊吗？

❖ 如果建设的时候没有征求我们的同意，那么未经同意对其进行装饰就不对吗？

❖ 涂鸦是破坏他人财物吗？

❖ 警察代表法律说话，这就意味着他是对的吗？

❖ 涂鸦是人们表达自己的观点以及对公共场所进行构想的一种方式，民主制度难道不应该鼓励这一行为吗？

讨论这段对话的过程中，你也可以引用舒尔茨和诺博尔的作品《发电机》并提问：如果有人在你家墙上画了这幅画，这么做不对吗？就算你喜欢这幅画，这么做也不对吗？

任务问题 2：建设房屋是破坏他人财物吗？

深入思考题：

❖ 如果是的话，我们是否有权摧毁这些建筑？你可以破坏“蓄意破坏”吗？

❖ 难看和无聊的就是蓄意破坏吗？它们蓄意破坏的是什么呢？

❖ 如果某幢建筑很有用，它能被蓄意破坏吗？

❖ 什么叫蓄意破坏？

此外，你还可以向学生介绍更多其他实例，可以是当地的或者最近发生的新闻事件，如备受争议的伦敦碎片大厦（The Shard）。埃菲尔铁塔刚建好的时候也遭受过很多非议，巴黎人认为这是对城市市容的蓄意破坏。当时著名作家莫泊桑就非常痛恨这座铁塔，于是他经常去埃菲尔铁塔内的餐厅吃饭，因为这是整个巴黎唯一看不到铁塔的地方。

任务问题 3：涂鸦是艺术吗？

深入思考题：

❖ 蓄意破坏有可能是艺术吗？

❖ 将其称之为艺术赋予了它什么权利？这会如何改变我们看它的方式？

❖ 应该保留并保护它吗？

❖ 这个问题应该留待策展人和专家来决定吗？

❖ 谁拥有涂鸦？

消费主义

一个人能花多少钱是有数的。你能怎样？吃两顿午饭吗？

尼尔·戴蒙德（Neil Diamond）

挑选一则流行商品广告展示给学生看，然后提问：

起始问题1：这则广告是如何让我们想要购买这个商品的？

引导学生将讨论重点转移到这则广告如何唤起消费者的购买欲，让他们思考为什么不直接描述商品的功能。如果有人说明亮的颜色会吸引人的注意力，你可以继续追问："我们为什么会被明亮的颜色吸引？这对了解我们的欲望有什么启发？如果我们喜欢较暗、较安静的颜色，这说明我们有怎样的性格？"

起始问题2：为什么这么多人想要这件商品？

如果学生的回答仅仅是罗列这件商品的技术特点，则可以继续追问为什么有人想要具有这些技术特点的商品，就这样打破沙锅问到底一直追问到最本质的东西（最本质的东西是什么？你可以参考弗洛伊德的观点：他认为每个人真正想要的都是婴儿期想要的东西，所以最本质的东西就是婴儿想要的东西）。如果有人回答想要某件商品是因为它能赋予你某种身份（能让人羡慕），可以追问他们为什么拥有这件商品可以赋予购买者某种身份，换言之，买下这件商品别人会怎么看待你？（如果这种身份与财富有关，可以问为什么买一把非常昂贵的锤子得不到别人同样的关注）

广告并不仅仅向消费者照本宣科地报告一件商品的性能与用处，而是诉诸我们常识以外的某种东西。1903年，美国人沃特司各特（Walter Dill Scott）出版了世界上第一本广告心理学论著，拉开了研究消费者欲望的序幕。司各特在书中明确指出，消费者的行为并不理性，因此很容易对其消费方式进行影响和引导。他认为人的本性就是极易受他人影响，会去做别人让他们做的事情。

他建议图片广告必须符合特定的比例、大小、颜色，只有这样才能为消费者带来愉悦，我们越是感到愉悦就越容易受影响。正因为人类具有这种天性，所以最好的广告就是言简意赅但暗含命令的那种，如“让 iPhone 改变你的生活”。这句话如果能配上某个人的图片效果就会更好，因为我们会认为是这个人在发布命令。如果有人下达了指令，我们一般都会乖乖听从。

进入二十世纪，人们消费的商品越来越多，广告公司开始招聘心理学家，他们相信了解人类大脑的运作机制对商品的市场营销大有帮助。约翰·华生（John B. Watson）就是受雇于广告公司的一位心理学家。他认为人类受三种基本情感的控制：爱、恐惧、愤怒，只要诉诸于这三种情感几乎可以让人去做任何事情。此外，他还相信能够用广告这种方式去训练人们购物。

他的这一理论曾经运用在一则牙膏广告中：一位漂亮诱人的女子一边抽烟一边对着镜头说这种牌子的牙膏能够有效预防牙斑和口气。这则广告就是想要让消费者出于害怕变丑的恐惧心理去购买该品牌的牙膏。此外，广告还可以重复展示某件商品与人人向往生活方式之间的联系，比如在温暖的海滩惬意地享用某个品牌的果汁，看得多了我们就会把果汁与海滩紧紧联系在一起。通过这种联想，我们看到果汁就会产生看到海滩那样的情感。当然，我们现在对这些观点和广告手法都已经很熟悉了。

今天，研究如何影响我们的消费习惯已经发展成了一个综合性的学科，商店里灯光、气味、背景音乐的设计全都是为了将我们变成消费者。研究表明，花店如果想要吸引顾客就应该播放爱情歌曲，古典音乐则是销售红酒的最佳配乐，如果播放法国音乐就会有更多顾客购买法国葡萄酒。此外，背景音乐的节奏也很关键。如果咖啡馆里播放快节奏的乐曲，那么我们每分钟的咀嚼次数也会相应增加。

任务问题1：我们是自己想要购买某件商品还是受外在因素的影响才会想要买这件商品？

深入思考题：

- 能够强迫我们想要什么东西吗？
- 我们会想要某些自己实际上并不想要的东西吗？
- “真正”想要什么东西是什么意思？
- 我们怎么知道哪些欲望是真的、哪些是假的？
- 我们是否容易受影响？
- 是否存在具有自主性的消费者？
- 广告是在利用我们吗？这样做不道德吗？
- 我们是文化的产品吗？

英格兰作家赫胥黎（Aldous Huxley）发表于1932的小说《勇敢新世界》（Brave New World）描写了这样一个社会：在这里，人人都能得到自己想要的一切，没有人渴望自己得不到的东西。这里每个人都很幸福，不幸福早已成为历史。

如果有人感到无聊、焦虑或者愤怒，他们只需使用一种名叫“索玛”（Soma）的药物就能解决所有情绪问题。这种药物是合法的，国家非常鼓励人民使用它。“索玛”（Soma）使人感到舒适和安慰，能够让人恢复到平和、稳定的状态，因此完全可以取代宗教的作用。

《勇敢新世界》里所描绘的社会是消费者的世界，这就意味着国家的经济取决于公民持续购买商品与服务。因此，每个人都一直想要更多东西，不停地丢掉旧东西、购买更新的商品。这里的观念从标语、口号中也可见一斑，如“弃旧纳新好过修修补补”，并通过“睡眠教学法”从婴儿时期就开始对全体人民进行观念灌输。为了确保整个社会都遵从这种消费主义的原则，儿童入睡以后耳畔就会播放事先录制好的信息，告诉他们应该有怎样的思想、怎样的欲望。这些信息会进入大脑的潜意识层面，每个人终其一生都会受其影响和控制。

这个社会的主要目标就是保持稳定。消费主义加上“索玛”勾兑出一杯鸡尾酒，喝了以后就能彻底消除沮丧等负面情绪。在这个社会里，没有人愿意花时间去等待。一旦感受到欲望的骚动，他们就会立即通过购物、旅行或者药物满足它的要求。在这里，耐心并非一种美德，而是必须摒弃的祸根。这里的人们全都很快乐，想要什么就能得到什么，永远都不会想要自己得不到的东西。他们很安全。富足和安逸是秩序的保证。

任务问题 2：这个世界反映了我们所处的真实世界吗？

深入思考题：

- 社会是否鼓励我们消费？
- 社会鼓励我们追求哪些快乐？
- 我们这个社会关于“美好生活”有哪些具体内容？
- 我们是否过度消费？我们贪婪吗？贪婪是一种恶习吗？
- 购物中心让人感到更快乐吗？
- 购物中心让人的生活更加了无生气吗？
- 广告是否与“睡眠教学法”类似？
- 我们这个社会是否也有和“索玛”差不多的东西？
- 我们全都想要幸福吗？
- 如果有人给你一张无需还款的信用卡，你会要吗？为什么？

提问第三个问题的时候，你可以先让学生描述一下他们对“美好生活”的看法以及他们想要什么样的生活。这本身就是一个十分有趣的讨论话题，能够让学生思考人生的意义何在以及什么值得让人活下去。然后你可以将讨论引回反乌托邦主题，注意学生的回答中是否有重叠的地方、是否存在共同点，让学生思考为什么不同的人会有共同的理想。这些共同点反映了我们与生俱来的人性吗？这纯属巧合还是文化熏陶的结果？如果是文化熏陶的结果，其运作机制和过程是怎样的？我们是如何被社会化的？此外，你还可以让学生思考：渴望得到文化告诉你想要的东西有错吗？这是一种服从还是一种归属？

任务问题 3：幸福是件好事吗？

深入思考题：

❖ 应该给我们“索玛”吗？

❖ 有没有“太多幸福”这回事？

❖ 有没有“太少幸福”这回事？

❖ 有比幸福更好的东西吗？

❖ 我们是否需要受苦受难？痛苦有可能是件好事吗？

❖ 什么叫幸福？

❖ 舒适是件好事吗？我们是否应该努力让自己生活得尽可能舒适？

❖ 不安、沮丧、焦虑有可能是好事吗？

或许有人会说一直都幸福会很无聊，你可以问他们人是不是可以既感到无聊又感到幸福。如果不可能的话，那么这是否意味着永恒的幸福实际上是不可想象的？既然如此，那我们为什么还要安于这种永恒的状态呢？如果有人说无聊和幸福可以同时共存，那么这是因为幸福实际上就是无聊的一种表现形式吗？还是因为人类大脑允许存在相互矛盾的不同状态？此外，你还可以引导学生对无聊进行专门的讨论（参见“欲望”章节），让他们思考无聊是否有价值？永远幸福会让我们错过什么？在我们想要的状态列表中，“幸福”这一项排在多靠前的地方？

权 力

“我一定要当头儿”，杰克傲慢地说。“因为我在唱诗班当领唱，我能唱升 C 调。”

威廉·戈尔丁（William Golding）

起始问题：什么叫权力？

深入思考题：

❖ 为什么有些人比其他人掌握更大的权力？

❖ 谁有权力控制你？

❖ 你拥有足够的权力吗？

❖ 权力是个好东西吗？

❖ 权力太多这回事存在吗？

❖ 人类是不是所有动物中权力最大的？

❖ 权力有限制吗？

❖ 是不是所有人都很脆弱、都是弱势群体？

❖ 是否存在完全没有权力的人？

讨论这个起始问题的时候，你可以将黑板或白板分成两栏，一栏为“拥有权力”，一栏是“缺少权力”，然后让学生思考自己拥有哪些权力、缺少哪些权力。你也可以提问：世界上权力最大的人有哪些？并思考权力的本质是什么。

我建议讨论之前先让学生自行阅读以下对话。本书中其他对话可以采用表演的方式帮助学生理解，但以下对话最好让学生自己认真阅读。阅读期间可以在自己认同或者不认同的观点下面划线。

甲：我一直都在思考一个问题，这个社会到底应该让什么样的人来统治呢？

乙：你觉得应该是最坏的那些人吗？

甲：当然不行！这想法也太荒谬了。

乙：那应该是让最好的人来统治社会吗？

甲：是的。

乙：罪犯是好人吗？

甲：当然不是啦。

乙：对政治一窍不通的人呢？

甲：也不行，这种人根本就不知道自己在做什么。

乙：这么说最佳人选应该是学政治的？

甲：是吧，好像是这样。

乙：如果是这样的话，那么最佳人选是不是应该在最佳院校学习政治？

甲：嗯，确实是这样。

乙：还有，最佳人选不应该让自己的个人经历蒙蔽双眼、影响到自己观点的，对不对？

甲：我觉得是这样，这样才能做到公平和公正。

乙：一般说来，社会上最底层的穷人心中的怨恨是最多的，对不对？

甲：没错，你说的对极了。

乙：那么，穷人有可能做到心态平衡、不偏不倚吗？

甲：不会。

乙：所以，最佳人选应该是穷人还是富人呢？

甲：我觉得应该是富人。

乙：你是不是还希望最佳人选能够充分了解自己所管理的社会呢？

甲：我觉得是这样，就像你希望船长对自己的船有充分的认识和了解一样。

乙： 这么说来，最佳人选就应该对这个社会的历史了如指掌，对不对？

甲： 对。

乙： 如果我说在世界顶级院校接受教育的人最有可能了解这个世界，你同意我的观点吗？

甲： 听上去没错。

乙： 所以，综上所述，你是不是能够得出这样的结论：统治社会的最佳人选应该在历史悠久的世界名校接受教育，应该来自富裕家庭？

甲： 我同意这个结论。

任务问题 1：你接受这个结论吗？

如果学生接受上述结论，其理由已经在对话中有了充分的阐释，因此你可以特意问是否有人不接受这一结论，这样接受该结论的学生也能有机会思考如何批驳持不同意见者的观点。

甲： 我一直都在思考一个问题，这个社会到底应该让什么样的人来统治呢？

乙： 你觉得应该是最坏的那些人吗？

甲： 当然不行！这想法也太荒谬了。

乙： 那应该是让最好的人来统治社会吗？

甲： 是的。

乙： 那么最佳人选会保留社会上最不好的那些东西吗？

甲： 当然不会。

乙： 所以说最佳人选应该是那些最有能力拨乱反正的人？

甲： 是的，如果一个社会无法改变自身的缺陷和不足就没有机会成为最好的社会。

乙： 任何一个社会最大的问题就是贫困，你同意这个观点吗？

甲： 我想不出有谁会不同意这个观点。

乙：那么你是否认为想要纠正一个现象首先要对其有深入的认识？

甲：听上去没错。

乙：那么我来问你，富人和穷人谁对贫困有更多认识？

甲：当然是穷人。

乙：你是否也认为穷人相比之下更想改变贫困的现状？

甲：那是当然。

乙：所以穷人最有动力去解决最大的社会问题，对不对？

甲：对。

乙：大学教授是穷人吗？

甲：不是，他们的收入水平都很高。

乙：关于贫困他们能教你很多东西吗？

甲：我觉得不能，大学不是穷地方。

乙：所以大学院校是教授贫困知识的最佳场所吗？

甲：应该不是。

乙：所以统治者的最佳人选应该是那些最有能力改变社会的人，你同意这个观点吗？

甲：没错，就是那些能让社会变得更好的人。

乙：那么，一边是死抱过去不放的人，一边是摒弃过去的人，你认为哪种人最能改变社会？

甲：当然是摒弃过去的人。

乙：那么你认为最想摆脱过去的人是那些身处世界顶尖院校的人吗？

甲：应该不是，历史悠久的教育机构一般都不喜欢变化。

乙：所以，综上所述，是不是能够得出这样的结论：统治社会的最佳人选并非那些在顶尖学校长大、在大学接受教育的人，而是那些来自社会底层、完全摒弃过去的人？

甲：我同意这个结论。

任务问题 2：你接受这个结论吗?

深入思考题：

❖ 政治家应该具备怎样的素质?

很长一段时间以来，“无政府主义者”这个词似乎一直都带有贬义色彩，包含着咒骂、不屑、恐惧等潜在意味，经常与混乱无序和虚无主义紧密联系在一起。法国政论家皮埃尔 - 约瑟夫·普鲁东（Pierre-Joseph Proudhon）于 1840 年扭转了公众对这个词的普遍印象，赋予它新的意义。普鲁东拒绝别人用这个词标签化自己，也不愿就此保持沉默，而是大声对世人宣布：“我就是一个无政府主义者”，将一个语带轻蔑的词语变成自我肯定的标志。

无政府主义者认为社会并不需要政府。他们反对任何形式的国家控制，其中包括法律、法庭、监狱、军队等等。他们相信政府只会压迫个人，主要为富人服务。为了维持社会不平等现象，政府鼓励盲从。受政府管理就像受人奴役一样，无政府主义者不接受等级制度，不接受权力，也不接受权威，他们相信社会无需外部干预也能够自行运转。工人无需接受管理，因为他们能够自己管理和组织自己的事务；我们无需通过纳税去帮助有需要的人，因为我们可以通过志愿项目参与慈善活动。无政府主义者认为政府的作用就是分化社会，如果没有政府我们的社会会更加繁荣。

普鲁东表达的全都是这样的观点。短暂的从政经历让他相信：所有隶属于权威体系的人全都害怕人民，对于那些掌权的人来说，人民就是敌人。法国政府查禁了他的一些书籍，但有些论著仍然得以出版面世，因为政府认为书中的观点过于复杂，普通民众根本就看不懂。不过以下这段文字理解起来似乎并没有太大的难度：

受政府管制就是被监视、被审查、被窥探、被指导、被立法、被管制、被包围、被灌输、被说教、被控制、被评估、被评价、被删改、被命令；而这些动作的主体都是既没有权利、也没有智慧和美德的生物……受政府管制就意味着一个人的每一个行动、每一个操作、每一个交易都会被记录、被注册、被纳入普查、被纳税、被盖章、被标价、被评估、被专利、被证书、被批准、被建议、被告诫、被预防、被改革、被设计、被纠正……一旦发现有一丝一毫的抵抗或抱怨，你就会被镇压、被罚款、被鄙视、被纠缠、被追逐、被逼迫、被殴打、被扼杀、被监禁、被枪毙、被扫射、被评判、被判刑、被遣返、被牺牲、被出卖、被背叛，更别提被戏弄、被嘲笑、被凌辱、被毁声誉。这就是政府！这就是政府的正义与道德！

任务问题 3：我们需要统治者吗？

深入思考题：

- ❖ 某些人有权控制其他人是不对的吗？
- ❖ 与现在相比，社会是否应该给我们更多权力？
- ❖ 我们是否受到压迫？
- ❖ 通过法律和惩罚这些手段能够实现社会和平吗？
- ❖ 普鲁东曾经说“无政府状态就是秩序”，这句话是什么意思？
- ❖ 和平与自由是相互兼容的吗？
- ❖ 没有统治者管理我们，我们会变得太过不负责任吗？
- ❖ 没有权威我们会变得无助吗？
- ❖ 什么叫权威？
- ❖ 我们可以信任谁？

英国哲学家托马斯·霍布斯（Thomas Hobbes）认为人们为了遵守“自然法”而订立契约从而形成了国家。学生可能会引用这一观点对无政府主义进行批驳，认为不要国家会导致当今社会的犯罪问题进一步恶化。你可以引导他们思考什么叫犯罪以及人们为什么要犯罪。如果社会更加平等，犯罪率是否会因此下降？如果人们在政治上不再是隐形人呢？如果人人都把合作看作是一件好事呢？

传统与改变

活着的狗比死了的狮子更强。

《传道书》9 章 4 节

很多学校都会用校训表达理念、确立身份，创建于 1379 年的剑桥大学新学院校训为“知礼而立”（Manners Makyth Man）。

解释学问题：你认为这句话是什么意思？

深入思考题：

❖ 为什么一所学院会用这句话作为校训？

法国大革命之前的统治者是国王路易十六。作为至高无上的统治者，他享有最高权力，不需要对任何人负责，可以随心所欲地制定及废除法律。但当时的法国渴望变革，革命者希望推翻君主制、等级制以及特权阶层。从 1789 年攻陷巴士底狱开始到 1793 年，法国从君主专制国家转变为共和国。路易国王与玛丽王后被送上断头台，封建制度和贵族制度被废除，古老的政治及社会体制被送进历史博物馆，革命者设计了新的蓝白红三色国旗，信奉“天赋人权”这一全新国教，启用新历法并将共和国成立的 1792 年定为共和元年。法国的这些革命者们并不满足于逃离过去，他们想要彻底抹掉过去。

法国大革命对传统的“礼”也是一场革命。当时的贵族男子盛行穿紧身短套裤，膝盖以下穿长统袜；而平民则穿长裤，无套裤，被贵族讥称为“无套裤汉”，后来却成为平民革命者的代称。这些“无套裤汉”说话从不细声细语，永远吵吵嚷嚷，而且很为自己缺乏贵族的礼貌、礼节而感到骄傲，而他们反对的就是所谓受人尊敬的“体面人”。如果让他们看到你用发号施令的语气说话，那么你就会遭到他们的鄙视和指责。他们谴责所有希望被称为“先生”的人，将优雅视为一种刑事犯罪行为。“无套裤汉”相信骄傲和尊严是新共和国博爱精神的敌人。

在与法国隔海相望的英国，政治家埃德蒙·伯克（Edmund Burke）对此深感不安。他强烈反对法国大革命，撰写了《对法国大革命的反思》（Reflections on the Revolution in France），用出色的文笔和雄辩的文风表达了自己的担忧。他表示最不忍看到的就是礼仪的丧失，并在文中哀叹：“骑士时代已经一去不复返了”。

伯克认为对一个社会来说，“礼”比“法”更加重要，因为前者是发散性的，像空气一样无处不在，决定了我们共同生活的品质与基调。“礼”让我们远离野蛮，如果没有了责任、敬畏、尊重，人类文明就将分崩离析。见证了法国所发生的一系列变化，他写下了这样的文字：

骑士时代已经一去不复返了……我们再也看不到那种建立在等级和性别基础上的普遍忠诚了，再也看不到那种充满骄傲的服从，再也看不到那种带有尊严的顺服，再也看不到那种发自内心的从属关系。

生活那层体面的帷幕就这样被粗鲁地扯掉……那可是掩藏我们瑟瑟发抖的赤裸本性以及各种瑕疵所必不可少的遮盖啊，有了它我们才能活出尊严。在这样的格局中，国王也就是个普通男人，女王只不过是个普通的女人，女人与动物无异，而动物绝非最高级别。

每一个国家都应该有一整套礼仪，让心智良好的人能够有兴趣去遵循和实践。如果想让我们热爱自己的祖国，那么这个国家就必须可爱才行。我们的礼仪和文明取决于两大原则：绅士精神和宗教精神，这一点绝对是毋庸置疑的。

任务问题1：礼仪真的像伯克说的那么重要吗？

深入思考题：

❖ 我们需要“礼”吗？

❖ 我们需要尊严吗？

❖ 尊重很重要吗？我们需要它吗？

❖ 顺从是美德吗？

❖ 我们身上有野蛮的一面吗？文明不稳定吗？

❖ 我们是否需要榜样？是否需要一个居高临下对待我们的人？

❖ 没有礼仪感我们会迷失吗？

❖ 责任是件好事吗？

❖ 什么叫礼？什么叫尊严？

伯克是反对革命的。他曾经这样写道：“一旦古老的思想与生活的法则全都被拿走，所遭受的损失是无法估量的。从那一刻开始，我们就失去了指引方向的罗盘……良好的秩序是一切美好事物的基础。”

他认为我们应该尊重传统，因为传统比我们每个人都要重要。一个人的生命是有限的，而传统却将一直存在，改变一切就意味着对人类自己犯下了最大的罪行，我们不应该这么做，实际上也做不到。传统定义了我们，让我们成为完整意义上的人，如果没有了传统，我们就会迷失。我们不能将一切全都抹去重新开始，一张白纸就意味着虚空。我们处理社会问题应该像对待“父亲的伤口”那样，应该“怀着敬畏之心”战战兢兢、小心翼翼地进行处理，而非抱着漫不经心、不管不顾的态度。

任务问题 2：我们是否需要传统？

深入思考题：

❖ 应该避免革命性的改变吗？谨慎是一种美德吗？

❖ 有没有太多变化这回事？

❖ 我们是否需要家园？传统就像家一样吗？

❖ 我们是否由传统所定义？是否由我们所处的文化所定义？

❖ 传统是通往未来道路上的障碍吗？传统是否阻碍发展和进步？

❖ 威廉·布莱克（William Blake）曾经表示“死水有毒”，这句话和传统有什么关系？

❖ 有可能抹掉过去吗？

❖ 我们需要过去吗？

❖ 良好的秩序是一切美好事物的基础吗？

❖ 试想一个社会为了实现全新的开始想要将现有的书全部焚毁，这样创作新的作品就不会受过去任何观点的影响。这个办法可行吗？

在讨论这些问题前和讨论的过程中，你可以让学生思考他们自己生活中的一些传统。我们为什么要以同样的方式重复做某些事情？这些传统的目的是什么？这些传统为什么对我们十分重要？是否应该保留、保护这些传统？具体例子包括圣诞节、新年夜（用古老的传统和重复的仪式来庆祝新年的到来，这难道不是一种华丽丽的嘲讽吗？）、生日、周日午餐，以及其他一些个人传统。对于那些对传统缺乏认同的学生来说，某些虚构的例子有可能会让他们感到困惑和矛盾，例如：对霍格沃茨魔法学校进行现代化改造有什么问题吗？通过拆掉旧建筑和重建工程让整个学校更加节能、更加环保、更能满足二十一世纪的需要。这个问题可以结合现实案例进行讨论：英国建筑师莱斯利·马丁爵士（Leslie Martin）曾于二十世纪六十年代受政府委托提议拆掉“不合时宜”的白厅和米德尔塞克斯市政厅外交部主楼，代之以更加现代化的水泥建筑。

传统是所有人所共享的并构成了我们所谓的社会。如果有人想要抛开传统、逃离过去，那他们就是想要成为全新的、独立的个体。

任务问题 3：做个人与做社会的一员哪个更好？

深入思考题：

❖ 个人是孤立的吗？

❖ 社会是座监狱吗？

❖ 做个人与做社会的一员可以兼顾吗？

❖ 哪一种情况更加自然？

❖ 我们主要是由人与人之间的不同所定义的，还是由人类的共性所定义的？

种 族

每一个人都是孤立的，永远不沟通交流，永远懵懂茫然，永远不为人所知。

唐纳德·温尼科特（Donald W. Winnicott）

起始问题 1：什么叫种族？

深入思考题：

❖ 世界上都有哪些种族？这些种族的定义是什么？

❖ 种族是否并非仅以肤色划分？

❖ 种族是生物学概念吗？

❖ 种族是心理学概念吗？

❖ 种族是社会学概念吗？

❖ 你属于哪个种族？有没有人不属于任何一个种族？

试着想象一下全世界的人明天一觉醒来全都变成一模一样，皮肤都是绿色的，外貌五官全都一样。

起始问题 2：这样还能辨别每个人属于哪个种族吗？

种族这个概念由来已久，其历史可以上溯至人类自然等级的起源。是大自然将人类划分成不同的族群，这种观念的根本目的就是为了洗白针对弱者的残暴行为，用优胜劣汰的自然法则为野蛮行径进行合理性辩护。美国第三任总统托马斯·杰斐逊（Thomas Jefferson）刚说完人人生而平等，接着就说起了奴隶主和奴隶之间存在不可调和的种族差异，表示黑人在身心结构上均比白人低劣得多，而且想象力贫乏、平淡无奇，他们的痛苦和悲伤转瞬即逝，就连他们的肾脏分泌也比白人少。

在美国，人们曾经用种族这一概念解释虽然人人生而平等，但是有些人（奴隶）和其他人并不真的平等。当然，人之所以为奴并非种族的原因，但有人利用种族这一概念为奴隶制进行辩护。

后来在自然法等级理论的基础上产生了所谓的优生学。这是一门伪科学，目的是通过控制生育制造完美的人。优生学之父弗朗西斯·高尔顿（Francis Galton）认为人类的智力水平分不同的等级，声称古希腊人在智力上比英国人高出一个等级，而英国人的智力比“黑鬼”高两级，黑人的智力比澳洲土著居民高一级，澳洲土著的智力比狗高八级。后来纳粹借用这套理论为德意志民族是优等民族的观点进行辩护，不过美国人则早在他们之前就已经将该理论付诸实施了。

在二十世纪，美国不少州都实行强制性节育措施，时间长达几十年，其中尤以加州的记录最为惊人。为了剔除“意志薄弱者”以及净化生物世系，数以千计的美国人被迫节育，失去了繁殖能力，这给了纳粹很大的启发。

虽然相信优生学和自然等级制的人越来越少，但是相信种族概念的人却并未减少。实际上，种族这一概念并没有什么科学基础。人们曾经认为种族之间的区别主要是血液，可以用一个人的血液来确定其所属种族，如红十字会就曾经区分“黑人血”和“白人血”。但是，正如英国人类学家阿什利·蒙塔古（Ashley Montagu）解释的那样，“所有人的血液在任何方面都是一样的，唯一的区别就在于血液成分表面的抗原类型不同。虽然根据红细胞膜上是否存在抗原 A 与抗原 B 可将血液分成四种血型，但不同人种的血液类型都是一样的，只是每种血型所占的百分比例不同而已。不同人种的血液特征并没有显示出任何差异，黑人的血液与其他人的血液完全相同，因此用于输血或其他用途的时候也与其他血液一样有效。”

有人认为有些非洲人所患的镰状细胞贫血症这种遗传性血液疾

病就是种族差异的一个表现，但实际上这种疾病的主要病因与环境有关，而不是与种族有关。它常见于热带地区，其中包括西非、中东、波斯湾、地中海以及印度。镰状细胞的性状能够让其携带者有更大的机会战胜疟疾活下来，而疟疾正是最典型的热带疾病。

血液学研究不支持种族这一概念，基因学同样也未提供支持。非洲人一般都属于“黑色人种”，但是他们的基因差异比地球上任何地方的人都要大。尼日利亚人与肯尼亚人之间的基因差异有很大几率超过他们与爱尔兰人之间的基因差异。

生理特征上的差异无法定义种族，这是因为当地人之所以会有这些差异是为了适应当地的气候和环境因素。居住在热带地区的人不论基因和地理位置上有多大差异都带有适应热带条件的生理特征，如镰状细胞，而肯尼亚人和秘鲁人因为居住在高纬度地区所以肺活量相对较大，红细胞计数也较高。

我们或许可以通过诸如皮肤颜色这种身体特征划分种族，那么为什么不将高个子的人或者卷头发的人单独列为一个种族呢？正因为缺乏科学根据，蒙塔古将种族的划分与巫术相提并论，认为种族就是我们这个时代的巫术，是“人类历史上最危险的神话”。

任务问题1：种族是一种幻象吗？

深入思考题：

- ❖ 种族虽然非真但仍是合理的吗？
- ❖ 是大自然将人类分成不同的类型吗？
- ❖ 人类的本质是相似的还是完全不同？
- ❖ 有些人天生异质、不可避免地与众不同吗？
- ❖ 我们是由外表所定义的吗？
- ❖ 相信种族区别与相信巫术一样吗？
- ❖ 如果没有了种族这个概念，你该如何描述种族主义？

❖ 相信并不切实存在的幻象是犯傻吗?

起始问题 3：除了“种族”，我们还有什么其他方式对人群进行分类?

任务问题 2：有没有什么合法的方式可以将人分类?

深入思考题：

❖ 我们是否能够通过分类更加了解一个人?

❖ 偏见有可能合法吗?

❖ 分类是必要的吗?

❖ 我们是否具有共性?

❖ 什么能够定义我们?

民主与差异

想要改变别人当然是不对的，但是除此之外你还能做什么呢?

爱德华·圣奥宾（Edward St Aubyn）

1989年，法国克雷伊的一所学校开除了三名穆斯林学生，因为她们上学的时候拒绝摘掉头巾面纱，国务委员会因此专门召开会议讨论学校的该项开除决定是否合法。会议最后裁定学校不应以学生穿戴头巾这一理由将其开除，但同时又措辞含糊地禁止在学校穿戴“浮华的”宗教服饰。同年，巴黎郊区一所学校的65名教师罢工，因为学校有一位学生戴面纱上课。这名学生后来还是屈服了，摘掉了面纱，但是类似事件后来仍不时有闻。

1993年里昂附近一所小镇学校有四名女生上体育课的时候拒绝摘掉面纱，导致学校大部分教师罢工。1994年，法国各地共计七十多个女生因戴面纱而被学校开除，其中有些开除决定后来被法院推翻了，但是有些没有。

这样的事件当时受到了媒体的广泛关注，也有不少相关的政治讨论，但公众对此类话题的兴趣正逐渐消退。阿尔玛·列维和莱拉·列维是姐妹俩，父母均为无神论者，他们就读于巴黎郊区的一所学校，2003年因拒绝摘掉面纱而被学校开除。

此前，她们就已经习惯性地无视学校不准戴头巾的禁令，所以那一天上学的时候照常戴着头巾遮住自己的双耳、发际线和脖子。学校理事会判定她们的这种穿戴是一种“施加压力的挑衅行为，有劝诱他人改变信仰或进行宣传的意图”。

法国政府最后终于在2004年进行了一次投票，以压倒性的多数票通过一项法律，宣布在学校穿戴宗教服饰违法，其中包括穆斯林头巾和面纱、大的基督教十字架、锡克教头巾以及犹太小圆帽“基帕”。

解释学问题：你认为法国政府为什么会施行这项法律?

你可以将其中一些原因写出来，然后组织全班讨论哪些原因有道理、哪些没有道理。

任务问题 1：学校应该禁止宗教服饰吗?

深入思考题：

❖ 我们是否应该为了社区感和凝聚力而隐藏个人差异?

❖ 宗教属于私人事务的范畴吗?

❖ 有些事是否只能私下进行? 什么样的事才算私事?

❖ 隐藏自己的差异是否有助于彼此之间更加宽容以待?

❖ 社区比言论自由更加重要吗?

❖ 对社区来说，差异是一种威胁吗?

❖ 差异是件坏事吗? 有没有差异太大这回事? 有没有差异太小这回事?

❖ 冲突是件坏事吗?

重点关注第三个问题，你可以画一张表格，一栏是“公共事务”，一栏是“私人事务”，然后让学生思考哪些事情是可以在公众场合做的、哪些不能?

讨论哪些人以及哪些行为方式是公共民主领域所接受并鼓励时不可避免地会谈到投票选举权的问题。根据英国 1983 年《人民代表法》的规定，英国已被定罪的囚犯无权参加议会及当地政府的投票选举活动。但欧洲人权法庭自 2005 年开始就一直敦促英国政府对该法案进行修订，因为剥夺囚犯的选举权违反人权，是非法的。

2011 年，英国下院议员以 234 票对 22 票的绝对优势通过了一项动议，反对根据欧洲人权法庭的要求对上述法案进行修订。当时的英国首相戴维·卡梅伦（David Cameron）曾经公开表示：“一想到要给监狱里的人投票权，我在生理上就感到很不舒服。坦率地说，人一旦犯了罪、进了监狱，他们就应该失去权利，其中包括投票权。”

任务问题 2：应该允许囚犯参加投票吗？

深入思考题：

❖ 有些人的意见就不该被人听取吗？

❖ 监狱里的囚犯连散步的权利都没有，讨论他们是否应该享有投票权很愚蠢吗？为什么他们应该享有某些权利、同时又不应该享有其他权利呢？

❖ 认为囚犯应该享有投票权，但同时也认为社会应该设立监狱，这二者不矛盾吗？

❖ 囚犯是不是社会成员？

❖ 监狱是对人权的侵犯吗？犯罪就是自愿向监狱投降吗？

❖ 我们是否能够失去自己的权利？

假设你是一位通过民主选举当选的领导人，眼看着下一届选举即将到来，但是你的支持率却在持续下降。你整个任期都不知疲倦、兢兢业业地工作，努力为国家谋求最大利益。但是，由于发生了一系列史无前例的环境灾难，你的一切努力都化为泡影，全国的失业率、犯罪率全都达到历史新高，导致公众十分不满，愤怒的情绪日益高涨，迫切地想要找个人出来承担一切后果。于是极端的解决方案开始变得越来越受欢迎，其中一个反对党就以这个为基础提出了自己的竞选宣言，提议重启死刑。他们的提议获得了公众的广泛支持，但是你并不认同死刑，更重要的是，你知道这种惩罚手段是错误的，知道这个党不是领导这个国家的正确选择，因为他们的立党基础是人们内心的恐惧和嗜血本性。但问题是，他们在民意调查的支持率上遥遥领先，几乎一定能够赢得大选的胜利。为了避免公众犯灾难性的错误，你开始考虑是否要宣布全国进入紧急状态，因为这样一来选举肯定会被无限期搁置。在全国经济触底反弹、重新开始增长之前，在公众更加了解当前局势、更有能力根据自身最大利益投票之前，你无需任何批准就可以一直这样继续统治下去。

起始问题：你应该这么做吗？

深入思考题：

❖ 如果公众的态度永远都不改变，你会这样永远统治下去吗？

❖ 民主制度是最佳的政府形式吗？

❖ 强迫别人按你的意愿行事永远都是错的吗？

❖ 想要控制世界是不对的吗？

❖ 民主制度的基本原则有哪些？你相信这些原则吗？

任务问题 3：应该允许每个人都参加投票吗？

深入思考题：

❖ 只有在 IQ 测试中表现良好的人才能获准投票吗？

❖ 只有那些拥有良好道德水平的人才能获准投票吗？

❖ 只有那些为社会做出贡献的人才能获准投票吗？

❖ 某些人的政治信仰和政治观点比其他人更有价值吗？

❖ 我们应该宽容那些痛恨宽容的人吗？

❖ 如果我们对不宽容的人就不宽容，这是否有违我们对宽容的信念？

❖ 带有种族歧视的人应该获准投票吗？

❖ 带有种族歧视的人应该获准教书吗？

❖ 不论持有怎样的观点，我们都应该享有自由表达的权利吗？

他者

“你”

绝对无可指摘的谎言只有一种，那就是为说谎而说谎。

奥斯卡·王尔德（Oscar Wilde）

动 物

只有人才能从神界坠落。

戴维·赫伯特·劳伦斯（D. H. Lawrence）

她今年四岁，长着一对黑黝黝的大眼睛。她性情温和，虽然体力惊人但绝对不会伤害你。她每天的大部分时间都会和朋友们在一起，静静地伫立几个小时。她非常熟悉自己的这些朋友，跟朋友在一起让她有舒适感。她需要这种舒适感，因为她经常生活在恐惧中。陌生的面孔和陌生的地方都会让她心跳加速，但与此同时她又很好奇，新鲜事物让她心动也让她害怕。她对周围的环境永远都会保持警惕，但是只要有人轻轻抓一抓她两只耳朵后面的地方，她马上就会安静下来。她喜欢这种抚摸。

她生育过两次，已经当上了母亲。小家伙们总是不离她的左右，喝她的奶，全都长得壮壮实实的。她是位保护欲很强的妈妈，一旦感觉到有危险临近就会不顾一切地保护自己的孩子。她深切地感受到孩子们的弱小和无助，这是她最大的担忧。为了保护孩子们的安全，她会豁上一切，甚至不惜自己身犯险境。孩子们至少在一年时间里需要她稳定和细心的照顾。

这是她生命的最后一天。

明天她就会被送上卡车带走。到了这次旅途的终点以后，她将被赶下卡车，沿着一根弯弯曲曲像蛇一样的金属通道来到一个狭窄卡位里，然后被牢牢地卡在那里，一动也不能动。

被固定好以后，会有一支枪对准她的脑袋，将一颗钢弹射进她的头颅。如果幸运的话，她会马上毙命，但她也有可能会继续保持清醒，会感受到自己的两条后腿被铁链锁住，头冲下被倒吊起来。她会感受到自己被机器送到一个房间里，感受到锋利的刀刃划过自己的喉咙。她就这样继续倒吊在空中，直到流尽身体里的最后一滴血。在这个过程中如果她仍然保持清醒就会知道自己马上就会死去，于是她会挣扎，会用尽全身力气最后一搏，但是她绝对不会有任何胜算。几分钟后，她全身的血就会流尽，然后她的皮就会被剥下来。

他们会将她的肉切割成盘子大小，然后用塑料薄膜包起来。这些肉会被送去超市、放在货架上展示、用来换钱。她身体的不同部位会在很多家超市里出售，最后被送进很多人的嘴里。这些人彼此从未谋面也互不相识，他们永远都不会知道自己和这么多人分享过她的肉，不知道她以这种方式进入了他们每一个人的身体里。他们只会优雅地喝上一口饮料，将咀嚼好的肉送下去。

她的身体是有生命的，她因自己的身体而存在。但就在明天，她的身体将会被肢解、被出售。那些人从未见过她那双黑黝黝的大眼睛、从未感受过她心脏的跳动，但是他们掏钱买下她，酒足肉饱之后用牙签剔着嵌在牙缝里的肉。

这段描写非常令人震惊，但表意却十分含糊，所以为了减轻某些情节所造成的震撼，可以一开始就问学生这个故事讲了些什么。阅读结束以后，让学生思考他们是否认为这个故事实际上是反对吃动物？如果是的话，你是怎么知道的？这个问题把我们带进对故事的感受之中，进而提出了我们感受到的、故事想要表达的情感问题，引导我们讨论以下的解释学问题。

解释学问题：这个故事是否在操纵读者的情感？

深入思考题：

❖ 应该用理性来解决道德争议吗？

❖ 我们可以通过理性来判断对错吗？

❖ 这个故事是否在强迫你去感受？有可能做到强迫他人去感受吗？

❖ 就算你是对的，强迫他人相信你的做法有问题吗？

❖ 故事能够成为辩论的证据吗？

❖ 操纵他人有什么问题吗？

这个问题的逻辑术语为“诉诸怜悯”，源自拉丁语“argumentum ad misericordiam”。这是思维谬误的一种，主要通过非理性手段证明自己的观点。上述故事就是通过唤起读者的同情心从而达到让他们接受自己观点的目的。因为故事的作者并未明确提出自己的观点，所以我没有使用逻辑术语。但是你可以让学生对这个故事进行改写，将其写成一个论点（参见附录二“基本逻辑”），回答上述进一步思考题时可同时要求学生思考另一个问题：诉诸怜悯是不是一种谬误？

从分析文学作品的角度出发，你可以让学生关注这个故事使用的修辞手法：哪些词和句子最能体现这种修辞手法的效果？然后从哲学角度提问：修辞手法是一种说谎的形式吗？是否可以用一种更加白描的手法实事求是地叙述同一件事？这篇故事的情感色彩来自叙述本身还是来自所叙之事？来自事实还是来自语言？我们是否无法将事件与语言完全分开？

任务问题1：动物有情感吗？

深入思考题：

❖ 动物所体验到的情感和人类相似吗？

❖ 人有可能同情动物吗？

❖ 人类是动物吗？

❖ 动物有理性吗？

❖ 动物当然是有生命的，但是他们有自己的生活吗？

❖ 什么叫生活？

❖ 什么叫情感？

如果这篇文章希望我们能够同情动物所遭受的苦难，则作者预先假设动物是有情感的，这一点十分关键。

任务问题 2：吃动物不对吗？

深入思考题：

❖ 屠杀有情感的东西是不对的吗？

❖ 人类吃动物是自然的吗？

❖ 人类有权吃动物吗？

❖ 屠杀动物是谋杀吗？

❖ 人的口腹之欲比动物的生命更有价值吗？

❖ 为什么肉对我们来说很重要？人为什么会感觉自己需要肉？人为什么不觉得自己需要色拉？

不可为之事

不要去逗弄别人隐藏在内心最深处的那些东西!

路德维希·维根斯坦（Ludwig Wittgenstein）

起始问题1：你能想到有什么事情是我们不应该做的吗?

开始的时候可以从小差小错入手，如随地乱扔垃圾或者小偷小摸等。

起始问题2：在某些特定的情况下做这些事情是否有可能是对的?

任务问题：有没有什么事情是我们永远都不应该去做的?

1、选择其中的一个答案；

2、让学生思考是否在某种特定的情况下允许做这种事情，并追问在这种情况下做这种事情仅仅是情有可原、可以接受，还是理应如此、值得赞扬；

3、留出时间让学生讨论在某些特定的环境下这种行为是合情合理的，还是情有可原的；

4、然后再回到上面的任务问题，让学生思考是否有些事情不论怎样都是不应该去做的；

5、重复第1–4步。

利己主义

我的一切不幸均源于心之所欲。

卢梭（Jean-Jacques Rousseau）

你需要准备一副扑克牌，然后随机选择三对志愿者。

假设你跟好朋友一起在学校水淹卫生间的时候被老师当场抓到，抓到你们的是心理老师 Z 博士。她没有像别的老师那样罚你们，而是用你们俩做了个实验。

Z 博士让你们相向而坐，然后发给你们一张红色的牌、一张黑色的牌。游戏规则如下：

❖ 如果你们俩同时出红色的牌，那么两个人都要留校一小时；

❖ 如果你出黑牌，对方出红牌，那么你就可以回家，对方必须留校三个小时；

❖ 如果你出红牌，对方出黑牌，那么你留校三小时，对方可以回家；

❖ 如果你们两个都出黑牌，那么两个人都要留校两小时。

那么问题来了：你会出什么牌呢？

让三对志愿者分别玩这个游戏并记录游戏结果。

解释学问题 1：这个实验能证明什么？

深入思考题：

❖ 这能证明人是 / 不是自私的吗？

❖ 这个实验所创造的情境与现实生活相似吗？

❖ 人为的实验能够揭示人的本性吗？

❖ 科学能够增进我们对人性的了解吗？

以下文字摘录自英国著名生物学家理查德·道金斯（Richard Dawkins）的论著《自私的基因》（*The Selfish Gene*）：

如果有人告诉我们有个芝加哥黑帮头子不仅富可敌国，而且得享善终，那么我们就有理由猜测这个人的性格大体是什么样：性格强硬、快枪手、能够吸引忠诚可靠的朋友。

我们和其他所有动物一样，全都是基因制造出来的机器。和上文提到的那个芝加哥黑帮头子一样，我们的基因经过几百万年的淘汰，在这个优胜劣汰的世界里一直延续至今。

这让我们有理由猜测人类基因大体是什么样的，而成功基因中一个最为突出的特点就是无情的自私自利。这种基因上的自私特性一般情况下都会表现为个人行为上的自私与自利。

人类和狒狒都是通过自然选择过程不断得以进化和发展的。如果你认真研究自然选择的运作机制，就会发现通过自然选择过程而得以进化的一切都是自私的。因此，在研究狒狒、人类以及其他所有生物行为的时候，我们就会发现贯穿其中的一个最大特点就是自私自利。

解释学问题 2：道金斯为什么认为人类的行为一定是自私的？

深入思考题：

❖ 他的观点是建立在科学基础上的吗？

❖ 他的观点科学吗？

❖ 他的观点是客观评估的结果吗？

❖ 他的观点是愤世嫉俗的冷嘲热讽吗？

任务问题 1：人的本质是自私的吗？

深入思考题：

❖ 我们的一切行为都是为了自我利益吗？

- ❖ 生活是一场竞争吗？我们所争为何呢？
- ❖ 自私是人性的一部分吗？
- ❖ 人是否有能力改变自己的本性？
- ❖ 我们是否能够一言以蔽之地概括所有人？
- ❖ 生存下去是人生的主要目标吗？我们自己活下去的代价一定是别人死去吗？
- ❖ 我们是否能够通过观察动物的习性来了解人性？
- ❖ 我们是否能够信任他人？
- ❖ 你能反驳冷嘲热讽吗？
- ❖ 什么叫自私？
- ❖ 什么叫无私？

因为这个任务问题从某种程度上说是一个心理学问题，当你提问学生的时候既需要关注实际例子，同时也需要留意他们所给出的理由。如果有学生用实例说明或者反驳人性自私论，你可以组织全班对其中某些观点进行讨论，如慈善捐款、捐物，让学生解释这些例子说明了什么，如善意是不是表现出一种居高临下的傲慢？做善事只不过是为了减轻自己的内疚而不是真的想要做好事？这种观点是否过于愤世嫉俗？讨论道金斯上面那段文字的时候可以让学生回答他们认可哪些观点、反对哪些观点，并联系具体的例子进行阐述和讨论。

希腊神话中有位美男子名叫纳西索斯，他身边永远不缺爱慕者，但他对所有人都嗤之以鼻，对所有讨好自己的行径都不屑一顾。不知为什么，他就是不喜欢被别人如此宠溺，因此他所经之处身后留下无数颗破碎的心。

森林女神爱蔻（Echo）也迷上了这位美男子，无法逃脱爱网的纠缠。一天，她欣喜若狂地发现纳西索斯独自一人走进森林，于是偷偷尾随其后。眼看着距离心爱的人越来越近，她的心脏也越跳越快。但是，因为之前受到众神之神宙斯的双胞胎妹妹和妻子赫拉的诅咒，爱蔻无法表达自己内心的爱意。

事情是这样的：一天，赫拉得知宙斯与几位女神有私情，于是怒气冲冲地前去兴师问罪，但是却被唠叨个没完没了的爱蔻拦在半路，等她赶到的时候宙斯和众女神已经得到通报溜之大吉了。于是赫拉迁怒于爱蔻，诅咒她永远无法说话，只能重复别人的话。

纳西索斯听到身后传来树枝断裂的声响，于是转身大声问道："谁在这里？"

爱蔻闻言喜出望外，她想说"是我！"但是只能回答："在这里！"

"你为什么不出来见我？" 纳西索斯问。

"出来见我！"爱蔻回答。

"你在哪儿？"

"你在哪儿？"

"别藏了，出来见个面吧。"

"出来见个面吧！"爱蔻说着走出灌木丛，张开双臂向纳西索斯走过来。但是他却退缩了。

"走开，我不想要你抱我"，他说。

"要你抱我……"话一出口爱蔻就感到羞愧难当，于是转身逃进密林深处，从此只愿意与深洞峡谷为伴。纳西索斯的拒绝与嫌弃毁掉了这个姑娘。悲愤羞愧之下，她的身体日渐萎缩，皮肤干枯成灰尘随风飘散，肌肉随之剥离，骨骼也风化成岩石。只有她的声音留了下来，孤独地徘徊在沟壑山谷之中。从此，她只能活在虚无的空间里，变成了回声。

纳西索斯后来的境遇也同样悲惨，亲身体验了被他所伤之人的那些痛苦。有一个人在自己爱的表白受到无情嘲弄和拒绝以后举起双手向天发愿："让他也尝一尝这种痛苦吧！"复仇女神纳米西斯听到并恩准了他的恳求。

那一天又闷又热，复仇女神施下法术，让纳西索斯爱上自己在水中的倒影。当时他刚刚走到湖边，正弯下腰想要从湖中捧水喝。突然，他感到心脏剧烈地跳了一下，看到水中有一位美少年正目不转睛地看着自己。他看到那个少年有一双又大又黑的眼睛，但他不知道那正是他自己的眼睛；他看到那个少年有一头卷曲的头发，但他不知道那正是自己的头发；他看到那个少年有柔软丰满的面颊，但他不知道那正是自己的面颊。他开始变得神魂颠倒，无法将自己的双眼从少年身上移开。他伸出双手想要去抚摸爱人，但是指尖刚一碰到水面就激起一阵涟漪，美少年英俊的面庞倏忽之间就消失不见了。

欲望的折磨让纳西索斯感到十分痛苦，他坚信自己的情感并非没有得到对方的回应，因为当他附身去亲吻水面的时候，水中的那个美少年也在向他靠近。他们两个人之间存在某种默契，一切动作都能得到对方完美的呼应。虽然纳西索斯很快就意识到水中的美少年就是自己的倒影，但这并未让他回心转意，他的欲望并未稍减，随之而来的痛苦也愈发剧烈。在这个世界上没有谁比他在水中的倒影更加美丽，但是水中的那个身体只不过是光影的幻觉，永远无法触及。

这种无望的爱最终击垮了纳西索斯，他最终憔悴而死。临死之前一滴泪水从他眼角滑落，因为他知道自己所爱之人也即将死去。

解释学问题 3：这个故事有什么寓意吗？如果有的话，你接受它吗？

任务问题 2：爱自己是件坏事吗？

深入思考题：

❖ 爱自己能够得到满足吗？能够得到回应吗？爱自己就够了吗？

- 爱自己是爱他人的障碍吗？
- 爱自己是过上好生活所必须的吗？
- 自私是一切恶行之源吗？
- 无私是一切善行之源吗？
- 与他人有默契和共鸣不是爱上他们的良好基础吗？
- 谦卑是一种美德吗？
- 道德是建立在牺牲基础上的吗？
- 我们应该优先考虑自己的欲望吗？
- 你爱自己的时候爱的到底是什么呢？

说 谎

说真话完完全全是一种风格。

奥斯卡·王尔德（Oscar Wilde）

起始问题1：如果你在森林里说谎，周围没有一个人听见，你说的是谎言吗？

起始问题2：什么叫谎言？

深入思考题：

❖ 你能对自己说谎吗？

❖ 如果说话者相信自己所言不虚，他在说谎吗？

❖ 如果说话者希望自己所言为实，他在说谎吗？

❖ 夸大是在说谎吗？

❖ 如果听众并不关心自己所听到的是否属实，那说话的人是在说谎吗？

❖ 谎言有可能为真吗？

王尔德大胆地猜测过谎言最初的起源，认为人之所以会说谎其源头就是早上不愿意起床。

很久很久以前，有个山顶洞人。他脑筋转得很快，但是体力却比较弱。一天，他不想出去打猎，于是赖在床上想象着自己出洞打猎的场景。夕阳西下的时候其他洞穴人陆续回到洞穴里，围着火堆谈论一天的打猎经过。他也站在同伴们面前，绘声绘色地说起自己的丰功伟绩：如何仅凭一己之力就杀死一只猛犸象，如何在硕大无比的野兽面前展现自己的力量与无畏。同伴们都惊呆了，对他佩服得五体投地。当然，他所说的话没有一句是真的。

王尔德认为发明了谎言的这个洞穴人是个天才，表示说谎者只不过是想要“令人折服、令人愉悦、令人欢欣”。

虽然有很多人都和王尔德一样对说谎这个话题很感兴趣，但几乎没有人跟他一样持赞美的态度。以下为当时其他的一些名言：

“如果让谎言这个恶魔驾驶你的人生马车，你永远都不会幸福。”——查拉图斯特拉《伽泰》

“义人恨谎言。”——《圣经箴言篇》13:5

“你们不要明知故犯地以伪乱真，隐讳真理。”——《古兰经》2:42

“伤寒让他们散发出恶臭。”这是说谎者在地狱第八层所遭受的苦难。——但丁《地狱篇》

“说谎者卑鄙，根本就不配得到幸福。”——康德《道德形而上学》

“远离虚假与欺诈，远离一切不诚实，尤其是对你自己的不诚实。”——陀思妥耶夫斯基《卡拉马佐夫兄弟》

解释学问题：人们为什么会认为说谎不对？

深入思考题：

❖ 我们为什么看重真实？

❖ 我们为什么珍视知识？

❖ 幻想有可能比现实还要重要吗？

❖ 想象是一种说谎强迫症吗？

❖ 恨说谎等同于恨想象吗？

❖ 为什么会有人不喜欢想象？

❖ 说话的目的是为了交换实话吗？

❖ “真理必叫你们得以自由”（《约翰福音》8:32），真理和自由之间有关系吗？

2007 年，一个名叫沙维尔·阿尔瓦雷（Xavier Alvarez）的美国人因为说谎被告上法庭。他曾经向同事吹嘘自己获得过荣誉勋章，并说自己是在海军陆战队的一次行动中受伤后荣获这一美国授予英勇军人的最高奖赏。

但实际上阿尔瓦雷并未获得过这一勋章，他甚至从未在军队中服过役。他的一个同事了解他的底细，于是向有关部门报告了这件事。根据 2005 年通过的美国《反军事荣誉窃取法案》的规定，就荣获美国军方勋章说谎属违法行为。

阿尔瓦雷被判罚款五千美元，但他表示不服，于是上诉至最高法院。最高法院判决修改上述法案并撤销了对阿尔瓦雷的所有指控。最高法院认为制定法律禁止说谎违反了美国宪法第一修正案关于公民享有言论自由的规定。

任务问题 1：说谎是犯罪吗？

深入思考题：

❖ 就算说谎不对，说谎就应该被判为非法吗？

❖ 所有错误的行为都是有害的吗？

❖ 一切有害行为都应该被判为非法吗？

❖ 所有应受惩罚的行为都应该被判为非法吗？

❖ 说谎有害吗？

❖ 立法禁止说谎就能增加一个社会的可信度吗？

❖ 应该通过立法手段让我们变得更好吗？

❖ 我们是否应该享有言论自由？

❖ 言论自由是否重自由轻真相？

有人或许会说，如果说谎造成严重后果（如审判不公、挑起战争等），那么说谎就应该被判定为非法。但是，这里并未指明到底是说谎有问题还是恶意的行为有问题，所以应该继续追问：明知会有严重不良后果仍坚持说真话是否同样应受谴责？对这个问题的回答有可能会涉及真话本身是否具有破坏性，但是讨论这个问题能够进一步深化对谎言与真话的理解。

然后让学生看以下这个推论：

1、说真话是件好事。

2、说谎不对，因为说谎隐藏真相。

3、保密同样是隐藏真相。

4、因此保密等同于说谎。

5、所以保密是不对的。

任务问题 2：这个推论成立吗？

回答上述任务问题之前先组织学生进行讨论，问哪些学生接受最后的结论，哪些学生不接受。如果不接受最后结论，则需要驳倒至少一个前提（参见附录二“基本逻辑”）。组织学生依次讨论每一个前提，让他们说出自己接受或者不接受该前提的理由。

酷 刑

言语是行为的影子。

德谟克利特（Democritus）

玛格纳斯·格夫根（Magnus Gäfgen）是德国一名法学院的学生，于2002年绑架了银行家十一岁的儿子并向银行家索要一百万欧元的赎金。银行家报了警，警方在格夫根现身拿钱的时候逮捕了他，但一直没有找到被绑架的小男孩。

为了找到孩子，警方连续审问绑架犯，但格夫根态度坚决，拒不透露孩子的下落。副警长决定考虑采用酷刑折磨这一非法手段，于是派出手下一名警员进入审讯室对格夫根进行威胁，对他说如果不说出孩子的下落，他们就会用酷刑折磨他，直到他说出把孩子藏在哪里。他们警告格夫根说已经派人去叫刑讯逼供专家了。

虽然使用酷刑以及用此作为威胁都是非法的，但警方却认为这是必要的手段，认为不择手段谋求一个好的结果绝对是切实可行的。

但是，犹太作家让·埃默里（Jean Améry）并不认同这一理论，表示“受折磨者永受折磨”。

二战爆发前夕，埃默里逃离奥地利，加入了比利时的抵抗组织，后不幸落入盖世太保手中，受尽了酷刑折磨。战后过了很多年他才在自己的书中描述了这段经历：“在暴力面前，受酷刑折磨的人痛苦嚎叫、脆弱无助、没有一丝抵抗能力，他除了自己的躯体一无所有……酷刑折磨是一个人所能承受的事情中最可怕的……任何人只要屈服于酷刑之下都永远无法在这个世界感受到自由自在……从此掌控他人生的只有恐惧……他已经跨过死亡的界限，进入一个万物皆空的世界。”

任务问题1：如果警方对绑架犯动用酷刑，这样做不对吗？

深入思考题：

❖ 酷刑绝对是错的吗？

❖ 这与衡量成本与结果有关吗？

❖ 在某些情况下这是一种十分必要的恶行吗？承认恶行的必要性本身就是恶行吗？

❖ 强迫某人用酷刑折磨他人是错的吗？

❖ 让专业人士以酷刑折磨他人为生更好吗？这样的工作对从业者来说会有什么样的风险？

（面对警方的威胁，格夫根供出了自己藏孩子的地点。但是当警方赶到那里的时候，孩子已经死了。格夫根后来被判终身监禁，但因为受警方不公待遇而得到了三千欧元的补偿，副警长则被罚款一万零八百欧元。）

圣经旧约中专门有一节提到禁止使用酷刑：

你们要记念被捆绑的人，好像与他们同受捆绑；也要记念遭苦害的人，想到自己也在肉身之内。（《希伯来书》13:3）

解释学问题：这句话是什么意思？其所言为实吗？

深入思考题：

❖ 我们和其他人是一样的身体吗？

❖ 我们是否脱离其他人而存在？

❖ 是否存在绝对意义上的陌生人？

❖ 当我们伤害他人的时候，我们同时也在伤害自己吗？

❖ 如果旧约中这段话所言不虚的话，那我们为什么会忘记？

十八世纪苏格兰哲学家亚当·斯密（Adam Smith）提出道德的本质是同情，认为人类为善的欲望来自对他人的同情能力。他曾

经这样写道：

我们通过想象力将自己置于对方所处之情境，设想自己承受一样的痛苦折磨，进入对方的身体并在某种程度上成为与对方一样的人，因此感受到对方的感受。一旦我们代入对方、将对方的一切感受变成自己的感受，他们的痛苦就开始影响到我们，我们就会因为想到他们的那些感受而颤抖、战栗。通过想象代入受难者的感受，这就是我们能够同情他人悲惨遭遇的根源。

我们对他人体验的想象能力是促使我们帮助他人的动力，但是在对别人施加酷刑的时候，施刑者却无法做到这一点，不能想象自己处于受害者的位置。为了让他人痛苦，施刑者必须放弃自己的同情心。

任务问题 2：是否所有人都值得别人同情？

深入思考题：

❖ 斯密说当我们同情别人的时候，我们就会进入他们的身体与之合而为一，你同意他的说法吗？

❖ 有没有什么人是你不应该与之合而为一的？

❖ 同情心与战争是否兼容？

❖ 同情心是否会妨碍我们做正确的事情？

❖ 有没有可能存在充满同情心地去惩罚别人这种事情？

❖ 有没有什么人是我们所不可能同情的？

❖ 有没有过多善意这回事？

曾获奥斯卡最佳导演奖的凯瑟琳·毕格罗（Kathryn Bigelow）于 2012 年执导了一部富有争议的影片《猎杀本·拉登》（Zero Dark Thirty），讲述了在美国中央情报局探员玛雅锲而不舍的努力下美国海豹突击队最终在巴基斯坦射杀基地组织头目本·拉登的故事。因为影片涉及酷刑折磨基地组织嫌犯的场景而被批试图美化酷刑并为其进行合理化辩护。

有些人表示，不论创作者出于什么样的考虑，电影里永远都不应该出现酷刑，因为有些可怕的事情是绝对不可触及的，应该被永久地驱除出人类的想象，南非小说家约·马·库切（J. M. Coetzee）就持这种观点。他曾经这样写道：

这是可憎的事情，因为这些事情根本就不应该发生，因为就算发生了也不应该让其见光，而是应该将它们掩盖起来、深深地埋到地下。为了拯救我们的人性，就算有些事情是我们想看的也不能任其在舞台上展示。死亡是一件十分私人的事情，艺术家不应该侵犯他人的死亡。

任务问题 3：描写酷刑是不对的吗？

深入思考题：

❖ 有没有什么事情是我们不应该知道的？

❖ 从虚构的暴力中获取快感是不对的吗？

❖ 如果让我们不停地看别人受苦受难，这是否能够减少我们对苦难的感知？

❖ 看别人受苦对我们是件好事吗？

❖ 影像会伤害到我们吗？库切说要“拯救我们的人性”是什么意思？

❖ 描写永远都是谎言吗？如果所描写的事情是现实的话，我们是否就能忍心去看呢？

❖ 所有的审查制度都不对吗？我们是否应该自由选择自己所看的东西？

❖ 禁忌有时是否很有必要？

❖ 播放或者观看真人死亡的过程是不对的吗？那么应该将所有 9/11 的视频从互联网上删掉吗？

了解他人

我认为一旦从某个角度看待情感，你就再也无法相信它们是真实的了。

安迪·沃霍尔（Andy Warhol）

法国精神科医生卡普格拉（J. Capgras）于1923年注意到一种十分令人不安的妄想症，患者认为自己的亲朋好友并非本人，而是另外一个长相一模一样的陌生人。患上这种卡普格拉妄想症（冒充者综合症）的人有时甚至会认为某些人不是真人而是机器人，会在他们身上到处寻找电线和开关。

与这种相信别人都是机器人的妄想症有密切联系的是认为他人没有真正的情感体验，认为别人的颅骨内没有大脑，认为他们没有所谓的“精神状态”。

假设你遇到了这种妄想症患者，对方认为你是个机器人，认为你没有情感。

起始问题1：你能怎样证明自己是有情感的真人呢？

深入思考题：

❖ 我们如何知道别人是有真情实感的呢？

❖ 如果无法证明的话，这是否意味着就不应该相信？这是一种信念吗？

❖ 将别人想象成机器人是件容易的事情吗？

❖ 当你看到一个人哭的时候，他们的悲伤是因你而起的吗？眼泪是他们悲伤的证据吗？

讨论是不是机器人这个问题的时候，有些学生或许会说可以用刀子在皮肤上划一刀，如果伤口处流出来的是血不是油就证明是真人而不是机器人。你可以追问：“流血就能证明我们有情感吗？”不论学生如何回答都可以问他们第一个深入思考题。如果有人说可以通过展示我们大脑的活动来证明，你可以问他们这是否就能证明一个人有情感体验，如果不能证明的话，我们可以说别人是有真情实感的吗？

起始问题 2：一个女人走进警察局，全身都在颤抖。她有可能经历了什么？她会有怎样的感觉？

深入思考题：

❖ 为了能够充分理解她的行为你还需要进一步了解什么？

❖ 关于她可能会有什么样的感觉，我们的解读是否会有个限制？

❖ 对别人的解读怎样才算好或者不好？

❖ 是否所有人的行为和反应都大体差不多？

这个问题的重点并非关于人们是否有情感体验，而是人们一般都会有什么样的情感体验。关注的是我们如何了解他人，以及想要了解他人需要知道哪些事情。从这个浑身发抖的女人身上我们可以探究一系列可能的情感：她感到冷吗？身体发冷是否可以分成不同的类别？是因为发烧而打寒战吗？是因为寒冬天气吗？是因为凌晨气温低吗？是因为穿衣太少吗？紧张是否也可以分为不同的类别？战栗是否有不同的种类？这个女人是罪犯还是受害者？

鼓励学生探究各种可能性，猜测越多越好。关键的问题是：对这一场景的解读到底可以多具体、多准确？你可以让学生比较几种不同的解读，思考哪一种的可能性最大以及评估可能性的标准是什么。面对如此之多的变数和可能性，我们又该如何去了解其他人呢？

《李尔王》是莎士比亚创作的四大悲剧之一，故事一开始就讲述年事已高的李尔王宣布退位，打算将国土分给自己的三个女儿。但是他不想平分国土，而是要三个女儿用言语表达她们对老父亲的爱，然后将面积最大的土地分给那个说自己最爱父亲的女儿。于是他的大女儿说：

父亲，我对您的爱，不是言语所能表达的；我爱您胜过自己的眼睛、整个的空间和广大的自由；超越一切可以估价的贵重稀有的事物；不亚于赋有淑德、健康、美貌和荣誉的生命；不曾有一个儿女这样爱过他的父亲，也不曾有一个父亲这样被他的儿女所爱；这一种爱可以使唇舌无能为力，辩才失去效用；我爱您是不可以数量计算的。（朱生豪译）

他的二女儿是这样说的：

我跟姊姊具有同样的品质，您凭着她就可以判断我。在我的真心之中，我觉得她刚才所说的话，正是我爱您的实际的情形，可是她还不能充分说明我的心理：我厌弃一切凡是敏锐的知觉所能感受到的快乐，只有爱您才是我的无上的幸福。（朱生豪译）

李尔王转向最小的女儿："说吧。"但是小女儿却回答："父亲，我没有话说。"李尔王命令她"重新说过"，于是她说：

我是个笨拙的人，不会把我的心涌上我的嘴里；我爱您只是按照我们的父女之情，一分不多，一分不少。（朱生豪译）

解释学问题：你认为这三个女儿中谁最爱李尔王？

深入思考题：

- 用言语来测试爱是个好办法吗？
- 李尔王还有更好的办法测试女儿们对他的爱吗？
- 爱需要测试吗？
- 有没有什么测试能够证明别人是否在说真话？

❖ 有没有什么测试能够证明别人所说到底是什么意思？

学生有可能会认为莎士比亚的语言晦涩难懂，这正是应有之意，是为了让学生有机会解读语意含糊的文本。为了减少他们读不懂文本的挫败感，你可以让他们假设李尔王和他们一样看不懂莎士比亚所写的文字，然后问他们最后一个深入思考题，让他们思考解读自己身边亲朋好友的话语是否也和阅读莎士比亚的戏剧一样困难。你也可以引导学生抓住句子的主要意思，不要纠缠于个别难懂的字词，然后凭自己的直觉进行判断。

任务问题 1：我们有可能准确无误地知道别人的感觉吗？

深入思考题：

❖ 我们是否能够测试一个人的感觉？

❖ 我们是否一定要先知道某个人为什么会有这种情感，才能够了解这种情感？

❖ 解读一个人和解读李尔王三个女儿的表白是一回事吗？

❖ 我们所有的行为都可供解读吗？

❖ 如果没有适当的词语，我们还能知道一个人的感觉吗？我们是否能够拥有无法表达的知识？

❖ 我们很容易理解还是非常复杂，甚至深不可测？

❖ 共情与同情之间有区别吗？哪一种更好？

❖ 同情是否需要以知识为基础？

❖ 了解人与了解原子是一回事嘛？了解人是一种科学吗？

❖ 解读与解释之间有什么区别？有可能解释他人吗？

❖ 有没有了解人性的专家？

李尔王听了小女儿考狄利娅的回答后勃然大怒。他听到的是小女儿嘴里说出的话语，相信自己理解了这些话的意思，认为这个女儿根本就不重视自己的老父亲。于是他当场宣布和考狄利娅“断绝一切父女之情和血缘亲属的关系”，割断对她的天伦之爱并剥夺她的一切继承权，从此将她“当做一个路人看待”。

任务问题 2：人有可能评判他人吗?

深入思考题：

❖ 如果要评判一个人，我们是否需要首先了解这个人?

❖ 我们是否能够做到不评判他人? 评判是必要的吗? 是难以避免的吗?

❖ 上帝是最好的评判者吗? 上帝有什么资格做人的评判者?

❖ 是否每个人都尽了自己最大的努力?

❖ 我们是否应该因为别人的性格或者行为去惩罚他们?

❖ 一个人的行为与性格是两回事吗?

❖ 李尔王剥夺考狄利娅的继承权是不对的吗?

❖ 什么叫评判? 评判的目的是什么?

语言与歧视

“你如何知道那就是圣米迦勒？”

“通过他说话的方式和他天使的语言。”

“你如何知道那是天使的语言？”

“我相信那是天使的语言，我想要相信那就是。”

圣女贞德，受审对话

任务问题 1：语言是一种力量吗？

深入思考题：

❖ 语言是否能够改变我们的思维方式？

❖ 语言是否能够改变我们的行为方式？

❖ 语言是否能够给我们掌控他人的力量？

❖ 语言是否能够改善这个世界？

❖ 语言是否能够伤害这个世界？语言是否会像棍子和石头一样具有破坏性？

❖ 增加词汇量就能让你的力量加强吗？

❖ 维特根斯坦曾经写道：“想象一种语言就是想象一种生活方式。”你认为这句话是什么意思？

直截了当地单独提出这个任务问题可能会令学生吃惊，但是这种开放式的问题能够让他们独立思考并形成自己的观点，全班最后的讨论重点也因此带上了很大程度的不确定性。你可以讨论父母为子女起名字时所寄托的希望以及姓名对子女生活的影响，也可以通过《创世记》第二章 18–24 了解圣经中语言的起源故事，并将其作为寓言故事讨论其含义。

起始问题 1：你知道英语中“chav”这个词是什么意思吗？

这是英国的一个流行词，指社会中某个特定的人群，后发展成为一种流行文化。如果班上没有人听说过这个词，你可以准备一些相关资料向学生详细解释一下它的含义。

英国音乐人 Plan B 曾经在一次电台访问中表达了自己对这个词的看法：

这是一个贬义词，英国某些中产喜欢用这个词来定义那些家境贫穷、生活不幸、没有他们钱多、没受过他们那么好教育的人。我认为这个词跟那些嘲笑种族和性别的贬义词没什么两样，唯一的区别可能就在于媒体大张旗鼓地使用“chav”这个词。如果报刊杂志上公开使用类似的嘲笑种族和性别的贬义词，公众早就闹翻天了。

在英国，用语言攻击一个人的残疾、种族、宗教、性取向以及变性身份属刑事犯罪，会被归类为“仇视罪”。

任务问题 2：使用这个词应该被判为犯了仇视罪吗？

深入思考题：

❖ 这个词是否仅具描述性，像“亚洲人”、“犹太人”、“同性恋”一样？

❖ 这个词像“懒惰”、“贪婪”、“懦弱”一样是一种判断吗？

❖ 判断与偏见之间有什么区别？

❖ 这个词有害吗？

❖ 我们是否为我们所处的阶级负责？

❖ 歧视有可能被接受吗？

❖ 仇视罪是否侵犯了我们的言论自由权？

❖ 用带有贬损语气的“toff”一词指有钱的“上等人”，是否也应被判为仇视罪？

Plan B 在电台访问中提到了两种歧视类别：种族与性别，但有关仇视罪的立法只适用于其中一种。

起始问题 2：有哪些贬义词是与性别有关的？

任务问题 3：使用这些词语也应被判为仇视罪吗？

深入思考题：

❖ 有没有什么表达仇恨的词语是可以接受的？

❖ 如果心中有仇恨我们应该怎么办？

❖ 仇恨为什么需要语言？仇恨为什么不是无声的？

❖ 这个世界上有很多关于爱的诗篇却没有专门描写仇恨的诗集，为什么？

❖ 为什么某些人群所受的歧视会被忽视？

任务问题 4：人为什么要歧视？

深入思考题：

❖ 为什么很少有针对白人男性富翁的贬义词？

❖ 谁掌控语言？

❖ 恐同人群并不满足于用“同性恋”这个词指同性恋人群，带有种族歧视的人不会用“巴基斯坦人”这种中性词，带有阶级偏见的人一般不会使用“贫困”或“劳动阶级”这些词汇。歧视为什么需要有自己专门的语言？

❖ 歧视的基础是恐惧、无知、盲目的愤怒，还是别的什么？

❖ 有什么办法能够纠正歧视吗？

自 然

我带霍夫曼来见波洛克的时候……他问杰克逊："你的创作灵感来自大自然吗？"——因为他没有看到静物和模特——杰克逊回答："我就是大自然。"

李·克拉斯纳（Lee Krasner）

起始问题 1：什么叫自然？

深入思考题：

❖ 人类是自然的吗？我们是人造的吗？

❖ 孟买和尼罗河一样自然吗？电子邮件和风暴一样自然吗？

❖ 人类是唯一能够侵犯自然的生物吗？

❖ 恐怖主义自然吗？

❖ 数字是自然界的一部分吗？

❖ 来世是自然界的一部分吗？

❖ 蜘蛛结的网自然吗？海狸筑的坝自然吗？

❖ 某些东西比另外一些东西更加自然吗？

我离开房间出去散步，做了以下这些事情：

1、摘了一片树叶；

2、折了一根树枝；

3、砍倒了一棵树；

4、烧毁了一片树林；

5、放水淹没了整个大陆；

6、冰冻了整个地球。

起始问题 2：从哪一刻开始我的行为是错误的？还是我一直都

没有错?

像这样一环扣一环的行为链条很难在中间某个特定的环节停下来，你需要提醒学生注意的是开始发生质变的地方。如果你认为从第三点开始的行为是错误的，那么第二点和第三点有什么质的差别？这主要是为了明确学生对待环境的伦理态度。学生有可能会说在有些情况下所有这些行为都是允许的，甚至都是对的。为了帮助学生弄清楚自己对待自然的基本态度，可以问他们如果纯属取乐这些行为是否不对，如果不对，是哪个阶段开始不对的。

任务问题 1：树木有权利吗?

深入思考题：

❖ 自然本身有价值吗?

❖ 所有生物都是神圣的吗?

❖ 是否仅限有感知能力的生物拥有权利?

❖ 某些东西是否比其他东西拥有更多权利?

❖ 如果树木没有权利，那还有什么别的理由判定伤害树木是不对的呢?

❖ 砍倒一棵树是谋杀吗?

天花这种疾病的历史至少有三千年，有些古埃及木乃伊的脸上就有天花痘疹的痕迹，仅在二十世纪就有大约三亿人死于天花。这种可怕疾病的罪魁祸首就是天花病毒，其中最明显的病症就是遍布全身的水泡，就连口腔里和喉咙里都会有，不过主要是在面部和双臂。感染天花病毒者约三分之一会因此丧命。

虽然天花无药可治，但是这种疾病已经在 1979 年正式绝迹。不过天花病毒至今仍然存在，被保存在俄罗斯和美国两所保安措施极其严密的机构内。世界卫生组织在根除天花的战役中起了关键性的作用，过去几十年内一直呼吁俄美两国彻底摧毁天花病毒。

世界卫生组织的这个呼吁引起了不少人的关注。有人认为如果将该病毒彻底摧毁，这将会是地球上被人类通过有意识、有针对的行为彻底铲除的第一个生命形式，这是不考虑、不尊重自然的行为。美国自然保护主义生物学家戴维·艾伦菲尔德（David Ehrenfeld）认为应该保留这一物种，因为“它们存在”，因为“这种存在本身就表明了无穷的古老与庄严绵延至今的历史过程”。

蓄意灭绝某个物种以及彻底铲除某种生命形式，这或许是个值得深思的道德问题。

任务问题 2：天花病毒是否拥有权利?

深入思考题：

❖ 我们应该消灭天花病毒吗?

❖ 天花病毒该灭绝吗?

❖ 权利的基础是应该不应该吗? 有害的东西不该享有权利吗?

❖ 我们有权利灭绝某个物种吗?

❖ 我们应该臣服于自然吗? 自然比我们大吗? 自然比我们更庄严吗?

❖ 所有生命从本质上说是否都是有价值的?

❖ 病毒必须依附在活的细胞上才能移动、生长或者繁殖。那么病毒是生物吗?

地球发展史的最大特点就是环境的变化，经历了很多大规模的生物灭绝时期以及巨大的气候变化。地球有段时间到处都是炽热的沙漠，也有些时候大部分地方被冰雪覆盖。

在距今大约八亿五千万年以前的成冰纪，地球就像一个硕大无比的雪球，有学者推测因为气候严寒，冰川一直延伸到赤道地区，那个时候的生命形式只有微生物。随后地球经历了极端性全球变暖期，冰川开始融化，五亿年后进入泥盆纪末期，地球发展史上第一次出现了树林和动物。但是接着就是大规模灭绝期，四分之三的生物不复存在，有可能是因为全球气温再次下降。

接着再次出现新的物种，其中包括地球上首个大型食肉动物恐蛇发女妖兽（Dinogorgon），不过这种又名恐丽齿兽的生物也在后来著名的“大灭绝期”与当时 96% 的物种一起灭绝了，这是地球历史上迄今为止最严重的一次物种大灭绝。

然后快进一亿年就到了恐龙遍布全球的时期，世界各地到处都是形状各异、大小不一的恐龙，当然，所有恐龙后来全都灭绝了。有学者认为恐龙的灭绝始于大规模火山爆发所引发的气候变化，后来有一颗小行星或彗星与地球相撞最终导致恐龙彻底灭绝。

从那以后又过了六千五百万年的时间，这才到了你我现在所生活的时代。

任务问题 3：全球变暖是自然的毁灭还是仅为其漫长、动荡的发展史上一个普通的阶段？

深入思考题：

❖ 全球变暖对自然来说是件坏事吗？

❖ 自然有可能是受害的一方吗？自然能被摧毁吗？

❖ 全球变暖到底是我们加诸自然的结果还是自然加诸我们的结果？

❖ 有没有某种存在或者力量可称之为自然？还是自然只不过是所有自然物体的总和？

❖ 我们为了保证自己所属物种的可持续性而想要将世界保存为现在的样子、想要保留现有的生存条件，这样做是否自私？

❖ 我们应该关心人类将来是否会灭绝这个问题吗？

❖ 我们对将来的人负有责任吗？

诱 惑

如果纯粹只是想要热热闹闹地活一场，你很难逃过人生丑陋的一面。

菲利普·罗斯（Philip Roth）

柏拉图在其著作《理想国》里记录了苏格拉底的一个观点：坏蛋总是比好人有趣得多。

你可以想一下自己喜欢的戏剧、小说或者电影。

起始问题：好人和坏蛋到底哪一个更有趣？为什么会是这样？

做坏人或者做坏事显然十分具有诱惑力。有人认为亚当和夏娃的故事记录了真实、本质的人性，这个故事里的人类对做坏事有一种不可救药的迷恋。我们就是想做那些不应该做的事情，这是我们无法控制的本性。

在伊甸园的故事里，禁果就象征着坏事，我们被严令禁止品尝禁果。正如弥尔顿在《失乐园》（Paradise Lost）中所描写的那样，禁果金黄红润，观之悦目、嗅之沉醉，散发出阵阵诱人的芳香，令人心痒难禁。结果夏娃终于抵制不住诱惑，欲望战胜了理智。她咬了一口禁果，觉得那味道胜过之前吃过的任何一种水果。做坏事的快感如此强烈和震撼，夏娃只恨没有更多不应该做的坏事让她去做。

我们从浮士德的传说故事中也能看到这种做坏事所带来的诱惑。浮士德在历史确有其人，他是一位研究医药和魔法的学者，生活在十六世纪的德国，为了获取知识和权力将自己的灵魂卖给了魔鬼并因此被逐出自己所居住的小镇。

根据传说故事，浮士德与地狱特使立约，并用自己的献血在契约上签了名。作为出卖自己灵魂的报酬，魔鬼将为浮士德服务二十四年时间，遵从他的一切命令，满足他的一切愿望。在此期间，浮士德利用自己的魔鬼契约获取知识、探索世界、囤积金银珠宝、亲耳聆听荷马朗诵史诗、从教皇鼻子底下偷食物、成为伟大的音乐家、与特洛伊城的海伦发展浪漫关系。

这个故事表明我们只有放弃自己的灵魂以及天性中善良的一面才能充分体验各种享乐，只有放弃对好的追求才能过上美好的享乐生活。正如魔鬼在马洛所著《浮士德博士的悲剧》中所说的那样："一切快乐都在地狱"，靡非斯特也在歌德的《浮士德》中表示："就算吃灰咽土也是快乐的"。或许真的是只有做坏蛋才能享尽一切快乐。

任务问题 1：做坏事和做好事哪一个能够带来更大快乐？

深入思考题：

- ❖ 做好事快乐吗？
- ❖ 做坏事快乐吗？只有做坏蛋才能快乐吗？
- ❖ 做好人和做坏蛋哪一种拥有更多自由？
- ❖ 什么叫好？我们为什么想要它？我们为什么不想要它？
- ❖ 什么叫坏？我们为什么想要它？我们为什么不想要它？
- ❖ 有太多快乐这回事吗？

诱惑意味着内心深处的欲望冲突与善恶交战，古波斯的琐罗亚斯德教（Zoroastrianism，也被称为拜火教）中就有这种善恶二元论，其中阿胡拉·马兹达（Ahura Mazda）代表光明和生命，与代表黑暗与毁灭的恶神阿赫里曼（Ahriman）进行长期的战斗。该教

的创始人琐罗亚斯德（Zarathustra，又译查拉图斯特拉）在圣典《伽泰》中曾经这样写道：

最初只有二神像孪生子一样纠缠，

此善恶二神在思、在言、在行：

只有智者才知应该如何抉择，

择善而从之，择恶而弃之；

那些追随恶神者将会遭遇厄运，

只有追随善神才能得到最好的回报。

漫画卡通作品中也经常会提到这种善恶之间的冲突，表现手法一般是某人的肩膀上一边站着长翅膀的白天使，一边站着头上长角的黑魔鬼。查拉图斯特拉认为善恶之间的选择非常容易，他创立的宗教充满乐观主义精神。据说他出生的时候并没有像其他婴儿那样大声啼哭，而是大笑着来到这个世界的。

任务问题 2：人生是一场好与坏之间的战争吗？

深入思考题：

❖ 第二次世界大战是善恶之间的斗争吗？

❖ 是否有些人好、有些人坏？

❖ 好与坏是对立的吗？

❖ 我们把战争中失败的一方叫做“罪犯”吗？

❖ 善与恶之间的战争容易打吗？

❖ 善与恶真的存在吗？

在马洛所著《浮士德博士的悲剧》中，好天使告诉浮士德只要忏悔、祈祷就能上天堂，而坏天使则说这些都是幻象，只有出卖灵魂并斩断与善之间的一切联系才能摆脱内疚、获得自由、享受快乐。

十九世纪德国哲学家尼采声称内疚是一种自我伤害，是一种向内的攻击。而我们之所以会自我攻击是因为自我贬低，认为自己毫无价值，内心充满自责，而内疚能帮助我们得到宽恕与救赎。

内疚赋予人生意义，让我们拥有目标与方向，揭示了我们内心想要得到尊重与体现自我价值的渴望。为了保证做好人这一目标永远得不到实现，我们就会用无法企及的标准来要求自己，感觉越差就会越有意义。虽然内疚很有意义，但是尼采认为内疚是毒药，是厌世的态度，是悲惨的自我否定，是人生的破坏者。

任务问题 3：内疚是件坏事吗？

深入思考题：

❖ 内疚是残酷的负担吗？是用无法企及的标准要求自己的后果吗？

❖ 内疚是一种适当的惩罚吗？

❖ 做错事的人应该感到内疚吗？我们应该让他们感到内疚吗？

❖ 我们需要有内疚这种情绪才能做个好人吗？

❖ 有没有太多内疚这回事？

❖ 你能想象过一种没有任何内疚的生活吗？

❖ 内疚有什么意义吗？

❖ 我们为什么会感到内疚？

罪 孽

我感觉我必须……赎罪——是这个词吗?

托·斯·艾略特(T. S. Eliot)

公元六世纪,教皇格里高利一世总结了七大恶行并将其归为"七宗罪",其排序后来经过几次变化,《天主教教义》最终将其确定如下:

- 傲慢
- 色欲
- 贪婪
- 嫉妒
- 暴食
- 暴怒
- 懒惰

格里高利一世在阐述教会伦理道德的著作《约伯记解说》(Moralia on Job)中表示傲慢是所有罪孽的基础与开始,他所列的每一宗罪都会增殖与裂变,因此这些罪孽也叫"原罪"。暴怒会导致冲突、侮辱和亵渎,暴食会导致"愚蠢的欢乐"、不洁、喋喋不休、理解迟钝,色欲会导致"心智盲目"、反复无常、性急冲动、自私自恋,嫉妒产生仇恨与疯狂,贪婪导致欺骗、躁动不安、暴力以及铁石心肠。

七宗罪之间彼此相关、紧密相连。

起始问题:如果按照七宗罪的严重程度来排序的话,你会怎样排?

深入思考题：

❖ 你会添加别的罪吗？

❖ 你会将哪一个从列表中剔除吗？

任务问题 1：这些是罪孽吗？

深入思考题：

❖ 如果不是的话，那它们是什么？

❖ 它们对我们的健康有害吗？不犯这七宗罪是一种生活方式吗？

❖ 七宗罪真的很可怕吗？真的具有毁灭性吗？

❖ 七宗罪有害吗？它们能害到我们什么呢？它们如何有害？

❖ 我们为什么要伤害自己？

❖ 我们的表现真的会这样吗？这是编造出来的吗？

❖ 什么叫罪孽？说某件事不对与说这件事是个罪孽之间有区别吗？

❖ 我们是否需要罪孽这个概念？

你可以反其道而行之，让学生列一张美德清单，写出七个他们向往并渴望拥有的最大美德。综合学生的回答，选出排名最靠前的七个美德，然后组织学生讨论："你接受这个清单吗？你想要成为拥有这些美德的人吗？你认为以下这些品质是美德吗：谦卑、节俭、礼貌、忠诚、爱国、顺从、不羁、大胆、无惧、无耻、自信、糊涂、力量、软弱、睿智、激情、好奇、信任、怀疑？当然，列出七宗罪的反义词也能得到一张美德清单。

很多哲学家和神学家在定义罪孽的时候都强调其与上帝的联系，以下摘录他们的一些名言：

阿奎奈（意大利中世纪神学家和经院学家，十三世纪）："罪孽之所以有罪是因为其违背上帝。"

康德（德国哲学家，古典唯心主义创始人，十八世纪）：罪孽意为“违反了神谕之道德法则”。

克尔凯郭尔（丹麦哲学家，存在主义之父，十九世纪）：“当有罪之人知道自己站在上帝面前的时候，其过失即成为罪孽。”

尼古拉·哈特曼（德国哲学家，现象学伦理学的奠基人之一，二十世纪）：罪孽即“伦理道德规范所说的道德罪，但并非真的是道德罪，不是受自己的良知与价值观审判的罪过，而是上帝面前的罪孽”。

任务问题 2：

❖ 如果不信上帝有可能信罪孽这个概念吗？

❖ 如果不信上帝的话，信罪孽这个概念有什么意义吗？

❖ 如果不信罪孽能信上帝吗？

❖ 如果罪孽不是对上帝的背叛，那它所背叛的是什么？

❖ “罪孽”这个词属于我们道德词汇的范畴吗？我们是否可以不要这个词？

❖ 如果上帝不是道德的基础，那什么才是？我们的良知来自哪里？

❖ 为了相信“罪孽”这一概念你需要相信什么？

情感与权利

庄严与爱情不是一对好搭档。

奥维德（Ovid）

我们为什么不应该欺凌他人？思考以下三个原因：

1、这侵犯了他人的权利。

2、这样做不友善。

3、这样做违背校规。

起始问题：按其重要性你会如何为这三个原因排序？

深入思考题：

❖ 是否只要一个原因就足够了？

❖ 所列每个原因都不同还是相互重叠？

❖ 是否还有什么重要的原因没有列出来？

试想这样一个场景：关于“我们为什么要有道德”这个问题爆发了一场大争论，对立的双方都认为根本就没有办法与对方交流、根本就听不懂对方在说些什么，对方的观点让他们倍感困惑，于是经过友好协商，他们决定将世界一分为二，一半为权利世界，一半为情感世界。

在权利世界，人们从不谈论情感；在情感世界，人们从不谈论权利。权利世界的人们认为羞辱他人是不对的，因为这侵犯了他们受人尊重的权利；情感世界的人们同样认为羞辱他人是不对的，因为这会让被羞辱者受到伤害。

在权利世界，人们认为待人处事的最佳方式就是尊重他人；而在情感世界，“尊重”这个词根本就不存在，人们认为待人处事的最佳方式就是善待他人。情感世界不谈“尊重”，只谈“同情”；权利世界则认为同情无关紧要，我们唯一要做的就是尽职尽责。

在权利世界没有“残忍”这个词，人们认为最糟糕的事情就是剥夺他人的尊严、削弱他们的自主意识；而在情感世界则没有“尊严”这个词，人们认为最糟糕的事情就是对他人弃之不顾、硬起心肠冷漠待之。

权利世界的人普遍相信必须随时做好斗争的准备，因为权利是需要保护的东西，有时必须斗争才能获得权利；而在情感世界里，就算暴力是不可避免的，人们一般也认为没有必要诉诸暴力，更不会将斗争奉为必要手段，因为他们普遍相信可以寻求友善和帮助，但不能使用强迫手段。

权利世界认为我们最重要的特点就是能够为自己着想、为自己采取行动，我们所需要的是更多自我空间；而情感世界则认为我们最重要的特点就是无助，我们所需要的是更多帮助。

这两个世界都信奉平等：权利世界信奉平等权利，情感世界信奉平等需求。

将这两个世界的关键词写在黑板或者白板上：

权利世界常用词汇	情感世界常用词汇
尊重	同情
尊严	残忍
自主权	冷漠
自我	团结
权利	无助
责任	需求
保护	友善

任务问题1：这两个世界哪一个更好？

深入思考题：

❖ 这两个世界不同吗？

❖ 这两个世界不相容吗？

❖ 尊严与无助彼此相容吗？

❖ 友善与自我彼此相容吗？

❖ 没有了尊重我们还能继续生活下去吗？

❖ 同情与尊重哪一个更重要？

1948年，新成立的联合国各成员国审议通过了《世界人权宣言》并将其作为“所有国家和人民的一项共同成就标准”。《世界人权宣言》列举了每个人都享有的权利，以下为其中的几项：

承认人类家庭所有成员的固有尊严及其不可剥夺的平等权利乃是世界自由、正义与和平的基础。

人人生而自由，在尊严和权利上一律平等。他们赋有理性和良心，并应以兄弟关系的精神相对待。

人人有权享有生命、自由和人身安全。

任何人不得加以酷刑，或施以残忍的、不人道的或侮辱性的待遇或刑罚。

人人享有财产所有权。

人人有权享有主张和发表意见的自由；此项权利包括持有主张而不受干涉的自由；和通过任何媒介和不论国界寻求、接受和传递消息和思想的自由。

家庭是天然的和基本的社会单元，并应受社会和国家的保护。

人人有享受休息和闲暇的权利。

初级教育应属义务性质。教育的目的在于充分发展人的个性并加强对人权和基本自由的尊重。

解释学问题：上述所列权利有哪些是你不认同的吗？

深入思考题：

❖ “人类家庭”是什么意思？

❖ “不人道”是什么意思？

❖ “人的个性”是什么意思？

❖ 我们“赋有理性”和我们的道德价值观有关系吗？

❖ 情感世界的人有可能不会认同哪些观点？

❖ 情感世界的人会怎样改写这一宣言？

任务问题2：我们是否需要相信权利？

深入思考题：

❖ 你只有相信他人拥有权利才能当个好人吗？

❖ 如果一个人有同情心但是从未听说过这些权利，他会是个好人吗？

❖ 道德需要规则吗？道德需要制定专门的规则进行约束吗？

❖ 规则能够阻止残忍行为吗？

❖ 残忍最不好的地方是什么？是破坏了规则吗？

❖ 怎样才能让坏人变好？告知以权利就能让他们变好吗？

❖ “我想让别人听我说”与“我有权说话”之间是否有区别？

❖ 什么叫权利？谁来决定这些权利？我们如何知道自己有哪些权利？

❖ 我们是否需要相信“尊严”这个概念才能当个好人？

❖ 婴儿和动物是否有“固有尊严”？

❖ 不信权利有可能信平等吗？如果不是权利的话，还有什么能让我们平等呢？

❖ 信奉权利是你日常生活中十分重要的一项内容吗？

感 官

我想说，在所有的感知器官中，眼睛是最像太阳的。

柏拉图（Plato）

假设你失去了所有的感官，而且是一出生就这样。

起始问题 1：那会是什么样子？

深入思考题：

❖ 你会有思想吗？

❖ 你会知道时间吗？

❖ 你会有存在感吗？

❖ 那会是什么样？

❖ 你会存在吗？

起始问题 2：视觉、听觉、嗅觉、味觉、触觉五大感官中哪一种让我们对世界有最多了解？

深入思考题：

❖ 我们是通过哪些感官感知自己的？我们能感知自己吗？

❖ 你能想象出第六感吗？我们的想象力是否受自己经验的限制？

❖ 世界仅限于我们的感官所感知到的一切吗？

❖ 如果只允许你保留一种感官，你会保留哪一种？

❖ 你更想看到太阳的光芒还是感受到太阳的温暖？

❖ 哪一种感官给人最大愉悦？这种感官是给我们最多知识的吗？

❖ 哪一种感官让我们离这个世界的距离最近？哪一种感官让

我们对时间最有认识？

❖ 这五种感官是各自独立的还是彼此混合的？

❖ 了解和认识世界是什么意思？

提出上面第二个问题之前可以先向学生介绍电感，即水生动物感应电场的能力，然后让学生想象一下如果自己拥有这种感应能力会怎样。我们是否能够想象出拥有这种感官会是什么样？鲨鱼对电场的体验是不是一种我们永远无法得知的个体心理感受？感官体验发生在我们的头脑里还是发生在我们身外的世界里？

可以利用倒数第二个问题让学生有机会探索一下自己的通感能力。首先，说出十种颜色，让学生大声说出每一种颜色所对应的数字。如果你不怕教室被弄得一团糟的话，可以播放德彪西的《月光》钢琴曲，让学生边听边画画。此外，你还可以让学生用乐器或者自己发声将声音与不同的质地或者颜色联系起来。用学生们的回答来讨论以下问题：我们可以用耳朵去看吗？声音中有画面吗？如果声音只不过是空气的震动，那么画面在哪里呢？不同质地的声音是感知到的还是想象出来的？如果我一听到钢琴曲《月光》就能感知水的存在，能感知水的波动以及波光粼粼，如果这里的水是我想象出来的而不是真的感知到的，那么这是否意味着我并没有真的听到音乐而只是想象出来的呢？想象与感知的分界线究竟在哪里？

先画一个圆圈。

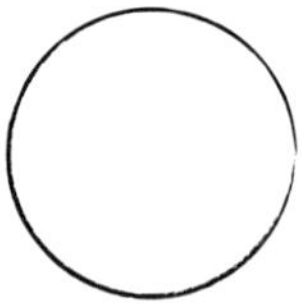

然后分别添加五官。

起始问题 3：五官中的哪一种最能把一个圆圈变成一张人脸?

深入思考题:

❖ 一个人的眼睛能够告诉别人什么?

❖ 眼睛里能够流露出理性吗?

❖ 眼睛里能够流露出情感吗?

❖ 眼睛里能够流露出好奇吗?

❖ 你认为行刑队为什么要将死刑犯的眼睛蒙起来?

❖ 小婴儿为什么喜欢玩用手捂住眼睛然后把手拿开的躲猫猫游戏?

❖ 什么叫人?

古希腊悲剧故事《俄狄浦斯王》始于神眼所见的“神示”，终于主人公自毁双目后的黑暗。

忒拜城邦国王拉伊俄斯被人诅咒断子绝孙，他所在的拉布达科斯家族也将随之灭亡。拉伊俄斯祈求神谕，想要知道自己是否会有子嗣。神谕告诉国王，如果他生了儿子，这个孩子就会弑父娶母，与他的王后伊俄卡斯忒生儿育女。

也许是命运弄人，也许是人为疏忽，或许二者皆有，总之王后不久怀孕并产下一子。为了避免神谕所示，国王和王后决定杀死这个孩子。他们命令一名仆从将刚出生的婴儿带到荒山野岭处任其自生自灭。

仆从谨遵王命，将婴儿带到远离人烟的野外。但是，就在转身离开的瞬间，仆从心软了，于是将孩子交给附近的一位牧羊人，自己回到忒拜城。牧羊人将这个婴儿送入邻国科任托斯国王宫，没有子嗣的国王和王后收养了这个孩子，给他起名叫俄狄浦斯并将他抚养成人。

俄狄浦斯长大以后，周围的人都怀疑他并非国王和王后的亲生儿子，认为他是个外人。俄狄浦斯听到了这些流言蜚语，于是去问神谕。先知并未说出他来自哪里，只是说他将弑父娶母。听了这个恐怖的预言，俄狄浦斯连夜离开了科任托斯国，让预言之事没有机会成真。他决定前往忒拜城。

在前往忒拜城的路上，俄狄浦斯与拉伊俄斯国王狭路相逢，并且为了谁先通过窄道而发生争执。暴怒冲动之下，俄狄浦斯失手杀死了拉伊俄斯。当然，他并不知道倒在他脚下的这个男人就是他的父亲，也即忒拜城的国王。

俄狄浦斯继续向忒拜城前进，而此时的忒拜城正遭受斯芬克斯的威胁。斯芬克斯长着一张女人的面孔，却有着狮子的身体和雄鹰的翅膀，总是用同一则谜语问忒拜城里年轻的小伙子，如果他们猜不出答案就会被她一口吞掉。

忒拜城的人求俄狄浦斯去见斯芬克斯，并表示如果他能解开那个谜语，使城邦免遭斯芬克斯的荼毒，他们愿意将王位和王后全都双手奉上。于是俄狄浦斯责无旁贷地来到斯芬克斯面前，准备接受谜语的挑战。只听人面狮身的女妖问到："有一种独特的生物早晨用四只脚走路，中午用两只脚走路，晚上用三只脚走路。告诉我那是什么？"俄狄浦斯回答："是人。婴儿爬行的时候手脚并用，长大以后用双腿站立行走，老了以后需要拄拐走路。"听到有人说出了正确答案，斯芬克斯在羞愤中死去。于是俄狄浦斯加冕成为忒拜城的国王，并娶王后伊俄卡斯忒为妻，育有四个子女。

很多年过去了，一场瘟疫突然降临忒拜城，俄狄浦斯祈问神谕，想要知道造成这场瘟疫的原因是什么。先知表示必须抓到杀害老国王拉伊俄斯的凶手并将其逐出忒拜城，这场瘟疫才会消退。俄狄浦斯在独自一人外出调查老国王死因的时候，从一位来自科任托斯国的旅人那里得知国王和王后均已过世。听到这个消息，俄狄浦斯既感到伤心又松了口气，因为这样一来那个弑父娶母的预言就不可能成真了。但是，那位旅人接着对俄狄浦斯说："不要太过伤心，他们并非你的亲生父母。”俄狄浦斯闻听此言大惊失色，问旅人是怎么知道的。结果那位旅人正是当年的牧羊人，就是他将荒郊野外的婴儿带到科任托斯国王宫亲手交给国王和王后的。

伊俄卡斯忒在旁边偷听到了这番对话，心中顿时明白了一切。既然无法逃脱命运的摆布，她亲手结束了自己的生命。

俄狄浦斯问牧羊人是怎么得到婴儿的，牧羊人用手指了指那个软心肠的仆从，当年国王和王后就是命令他将婴儿抛到荒郊野外去的。于是俄狄浦斯问老仆从是谁把婴儿交给他的。

老仆从回答：“是伊俄卡斯忒。”终于真相大白了。

俄狄浦斯此刻终于明白了：经过这么多的周折，他还是没能逃脱自己的命运，最后还是杀死了自己的父亲娶了自己的母亲。震惊和恐慌之中，俄狄浦斯刺瞎了自己的双眼，任凭黑暗吞没自己，成为永远无法摆脱的牢笼。

有人问他为什么要刺瞎自己的双眼，俄狄浦斯回答：“这双眼睛对我有什么用处呢？”

他将自己逐出忒拜城，留下了不忍与父亲离别的年幼子女。他的余生就这样在黑暗中度过，不见天日，四处飘泊。

解释学问题：俄狄浦斯发现真相以后为什么要刺瞎自己的双眼？

深入思考题：

❖ 俄狄浦斯想达到什么目的？

❖ 他刺瞎双眼是想要惩罚自己还是想要帮自己？

❖ 他为什么说双眼对自己没有用处？

❖ 他恨自己的眼睛吗？还是恨别人的眼睛？

❖ 他为什么要毁掉自己的视力而不是其他感官？他为什么不削掉自己的耳朵？

❖ 在索福克勒斯的剧作里，俄狄浦斯问的是盲人先知提瑞西阿斯（因为看到雅典娜沐浴而被女神弄瞎）。为什么人们会认为失明对他的先知能力有帮助？

"指指点点"游戏：

1、指你的鼻子；

2、指你的脚；

3、指你的胳膊肘；

4、指你的肚脐眼；

5、指你的太阳穴；

6、指你自己。

你会指哪里？

任务问题 1：你为什么会指自己的眼睛？/你为什么不指自己的眼睛？

深入思考题：

❖ 我们说"看着我"的时候意思通常是说看着我们的眼睛，这是否意味着眼睛就是自我所在的地方？

❖ 眼睛是通往灵魂的窗户吗？

❖ 为什么通往灵魂的窗户不是鼻孔？

❖ 是否所有长眼睛的东西都有灵魂？

❖ 为什么不看着别人的眼睛就是不礼貌？

❖ 我们为什么不能睁着眼睛睡觉？

讨论结束以后再组织学生玩一次"指指点点"游戏，看结果是不是会和第一次有所不同。

附录一　将课堂交给学生

为什么不让学生自己提问、自己回答、自己组织课堂讨论呢？毕竟他们已经上了六个小时的课程，应该对哲学有了一个大体的概念。在把课堂交给他们之前，你可以先进行热场，提出以下问题让他们思考：

任务问题 1：

❖ 什么叫哲学？

❖ 哲学的要素是什么？从中抽走什么以后哲学将不能称之为哲学？

任务问题 2：

❖ 什么叫哲学问题？

❖ 哲学问题和科学问题一样吗？

❖ 哲学问题和数学问题一样吗？

任务问题 3：

❖ 老师扮演怎样的角色？

❖ 老师不应该做什么？

讨论第三个问题的时候可以先抛出几个学生可以现学现用的基本原则，如老师应该：

❖ 追问理由："你为什么会这么想？"

❖ 追问细节："你这么说是什么意思？"

❖ 将不同观点结合在一起：“你认为那谁的观点怎么样？”

❖ 通过重复一个问题集中大家的思绪。

老师不应该：

❖ 打断学生发言（除非遇上滔滔不绝、口若悬河的学生）；

❖ 参与辩论；

❖ 评估学生的回答；

❖ 说出自己的观点。

让学生可选择两人一组进行讨论并发表观点，因为站在全班面前发言有可能是件令人望而生畏的事情。此外，让每个人或者每个两人小组负责组织全班讨论一个问题，这会比让他们负责整节课容易一点。

当要求学生写出自己的哲学问题时，应该规定只能提封闭式问题，且这些问题应该围绕着他们感兴趣、感到困惑、令他们感到愤怒或者兴奋的话题。如果实在想不出什么问题，你可以准备一张近期的报纸，问他们是否从新闻报道中看出什么哲学问题。你也可以提供一些问题模板，如：

❖ 我们应该 x 吗？（如：谋杀杀人犯、废除货币、消除国界、抹掉不好的记忆）

❖ 做 x 不对吗？（如：惩罚、参加非暴力不合作运动、劫富济贫、侵犯别人的隐私）

❖ x 不好吗？（如：死亡、仇恨、沮丧、欲望、战争、弱点、社会）

❖ 我们是否需要 x ？（如：教育、政府、自由、上帝、语言、其他人）

❖ 有可能做到 x 吗？（如：炸毁宇宙、什么都不想、了解一切、终结暴力）

❖ 我们全都 x 吗？（如：受压迫、终有一死、平等、性本善、动物）

比如使用“我们是否需要 x？”这一模板的时候，你可以让学生罗列抽象名词，然后将其代入这个句型，直到发现自己感兴趣的问题。比如我上网查找一个抽象名词的单词表，然后看所有以字母“C”开头的单词，带入以上句型后得到这样一些问题：我们是否需要混乱（Chaos）？我们是否需要慈善（Charity）？我们是否需要童年（Childhood）？我们是否需要困惑（Confusion）？我们是否需要犯罪（Crime）？

如果你班上的学生对抽象名词比较熟悉，则可以使用游戏方式随机生成问题，如：将他们罗列的单词写在纸条上放进帽子里，然后让一名学生从中随机抽取一张纸条。如果用的是上面倒数第二个问题模板“有可能做到 x 吗？”，则可以准备两顶帽子，一顶放抽象名词，一顶放动词。这样做会出现很多讲不通的句子，但你可以让学生思考这些表面上看起来完全没有意义的句子是否大有深意。比如，“有可能做到亲吻时间吗？”可以改写成“时间是具体的吗？”所以这个问题的实质是究竟应不应该将“时间”归类为抽象名词。

附录二　基本逻辑

向学生介绍结构性推理之前（本章略有涉及，附录三中收录了很多例子），你可以先简要介绍一下逻辑推理的基本概念和过程，以下仅为其中一例：

1、如果罗密欧死，茱丽叶就会死。

2、罗密欧死了。

3、所以茱丽叶死了。

这里有两个前提和一个结论。在一个论点中，结论应该是根据逻辑推理从前提得出的结果。你可以在课堂上用 1 + 2 = 3 这个公式对此进行解释（这里的加号“+”是连词而不代表相加关系）。前提就像支持结论的梁柱，如果其中一个较弱或者无法很好地与其他前提或结论相关联，那么结论就站不住脚。如果想要驳倒结论，你需要摧毁其中一个前提（证其伪）或者指出前提之间或前提与结论之间并无立得住的逻辑关联（证明推理过程不成立）。

只有立得住的推理才是完美的推理，这样的推理要求前提为真。此外，有效推理还要求推理过程必须成立。如果推理过程成立就必须接受其结论为真。在上面所列例子中，两个前提为真，推理过程亦成立，因此结论成立。这种推理类型叫演绎推理，其格式为：如果 p 则 q，p，所以 q。

推理不成立的情况可分两种：1、结论不是前提的逻辑推理结果；2、前提不成立。第一种情况是关于论证的有效性，只有结论来自前提论证方为有效，即如果前提为真，结论才能为真。例如：

1、每一颗恒星都是由雪构成的。

2、太阳是恒星。

3、所以太阳是由雪构成的。

该论证表面看起来是成立的，因为结论源自前提。但是这个结论显然是错误的，如果逻辑论证过程没问题，但是结论不成立，这就意味着前提不成立，因此论证也不成立。上面这个例子里，前提一是错误的，错误的前提得出了错误的结论。如果前提错误，则整个论证就会站不住脚。

另一方面，前提有可能为真，但是推理过程不成立（出现逻辑错误）。这种情况下要记住一点：虽然推理过程不成立，但是结论仍有可能为真。例如：

1、如果罗密欧死，茱丽叶就会死。

2、罗密欧死了。

3、所以帕里斯死了。

在罗密欧与茱丽叶的爱情故事里，深爱茱丽叶的帕里斯伯爵的确是被罗密欧杀死了，但是这个结论并非源自前提的逻辑推理，因此论证不成立。这意味着论证过程不足以证明该结论，所以我们也没有义务一定要接受这一结论。从以下这个诡辩推理例子中我们可以了解有些错误论证并非总是让人一目了然：

1、如果天气潮湿我就睡不好。

2、现在天气不潮湿。

3、所以我一定能睡好。

该前提有可能为真，但是论证并不成立，因为从这一前提无法推出上述结论（这种谬误推理类型也叫“否定前件”，即如果 p 则 q，非 p，所以非 q。但是如果否定后件，则推论成立：如果 p 则 q，非 q，所以非 p）。除了天气潮湿这个因素，有可能还有其他因素导致我睡不好，比如喝太多咖啡或者楼上邻居家开派对等。如果想要该论证成立，可将第一个前提修改为：当且仅当天气潮湿时我就睡不好。因此，前提为真并不能保证论证一定成立。

此外，不仅前提和结论之间有可能存在站不住脚的逻辑联系，前提与前提之间也有可能出现这种问题。例如：

1、如果天气潮湿我就睡不好。

2、但是如果我睡得好早晨就不会有起床气。

3、现在天气不潮湿。

4、所以我一定能睡好。

5、所以我早晨肯定不会有起床气。

从前提 2 和 4 的确能够推出上述结论，所以 4 到 5 这一推理过程没什么问题。但是上述论证显然不成立，这是因为推理错误发生在这之前从 1 和 3 到 4 这一步。想要发现不成立的推理过程，你应该关注前提与前提之间的关联以及它们与结论之间的关联。

总之，站得住脚的论证其前提必须为真。如果想要驳倒一个论证及其结论，你需要寻找错误的前提或者错误的推理。

附录三　谜题

利用本附录所列谜题组织讨论比本书其他部分的专题讨论更加开放也更有临场发挥的余地。当然，这些问题并非真正意义上的谜题，因为主要目的不是要解决它们或者驳倒它们，而是将其作为启发性问题引导学生进一步深入思考。

你可将其中一个例子给学生看，然后问他们是否接受最后的结论。你需要给他们一些自由讨论的时间，让他们思考整个论证过程中问题出现在哪里、哪些前提是错误的、或者哪些推理有疑问。

接下来可以集中讨论某个前提、单独讨论某个结论，或者讨论从已知前提能够得出什么新结论。

1、只有上帝能够从无到有创造出某物。

2、我创造出自己的思想。

3、我的头脑是我所有思想的总和。

4、因此我创造出自己的头脑。

5、我是什么？我是我自己的头脑。

6、因此我的头脑创造出它自己。

7、一件东西创造出它自己就是从无到有创造出某物。

8、因此我的头脑是上帝。

1、我拥有自己的头脑。

2、如果我拥有某物的全部，那么我也拥有它的部分

3、我的思想是我头脑的一部分。

4、因此我拥有我的思想。

5、我的思想中有你。

6、因此我拥有你的思想。

7、你是那些思想的一部分。

8、如 2 所述，如果我拥有全部即拥有部分。

9、因此我拥有你。

1、就思考进行思考像是想用一个放大镜去看它自己。

2、用一个放大镜去看它自己是不可能做到的事情（即放大镜不能放大它自己）。

3、因此就思考进行思考是不可能做到的事情。

4、因此我们无法得知何为思考。

5、因此我们永远无法得知自己是否在思考。

1、我的头脑能够感知世间的一切。

2、但是我的头脑无法感知它自己。

3、因此我的头脑不存于这个世界。

1、我出生之前可将我定义为“无”。

2、如果我们没有能够定义自己的东西，那么我们就不再是自己。

3、因此如果我不再是“无”，我就不再是自己。

4、但我是我自己。

5、因此我现在也是“无”。

据法国哲学家雅克·德里达（Jacques Derrida）：

1、克服愤怒需要宽容。

2、不宽容的行为导致最大愤怒。

3、因此不宽容的行为最需要宽容。

4、但是这种行为是不可宽容的。

5、因此宽容这个概念本身有问题。

1、艺术是美的。

2、如果世界很美我们就不需要创造艺术。

3、但是我们实际上创造艺术。

4、因此世界不美。

1、如果我看到自己的照片，就会说“那是我”。

2、如果我阅读自己写的文章，就不会说“那是我”。

3、因此定义我的是我的外表而不是我的思想。

1、法律告诉我们有关“什么是错”的真相。

2、政府可以修改法律。

3、因此政府可以修改真相。

1、科学一直都在变化。

2、真相是固定不变的。

3、因此科学非真。

1、如果上帝是全能的，他就不可能受苦。

2、既然上帝不能体验苦难，他就不可能同情我们的苦难。

3、但是同情才能产生爱。

4、因此上帝要么并非全能要么不爱我们。

5、如果上帝并非全能，那么就会有比他更高的存在。

6、但是不可能有任何东西比上帝更高。

7、因此如果有上帝的话，他并不爱我们。

1、了解来自体验。

2、我们能够完整体验的只有自己的生活。

3、因此我们只能完整地了解我们自己。

4、但是爱别人要求对他们有所了解。

5、因此我们只能完整地爱自己。

据古希腊哲学家第欧根尼（Diogenes）：

1、万物均属于神祇。

2、智者是众神之友。

3、朋友分享一切。

4、因此一切都属于智者。

1、分享是件好事。

2、最好的分享之物就是我们所拥有最好的东西。

3、孩子是父母所拥有的东西中最好的。

4、因此应该分享孩子。

5、因此孩子应该有很多父母而不只是两个。

据英国哲学家乔治·柏克莱（George Berkeley）：

1、躺在阳光下你会感觉到温暖的愉悦（并非分别感受到热量和愉悦）。

2、因此热量是一种愉悦。

3、如果感觉不到，愉悦就无法存在。

4、因此感觉不到，热量也就无法存在，它不是这个世界的一个客观特点。

1、像行星的轨道一样，自然界的一切都由定律所控制。

2、我的头脑是自然界的一部分。

3、因此我的头脑受定律所控制。

4、因此我的头脑不自由。

1、我踩到钉子会感到脚疼。

2、但是疼痛是一种心理现象，是头脑的一个特点。

3、因此我的头脑在我脚里。

1、规则让我们知道一般情况下应该如何作为。

2、但是每一种情况都是新的。

3、因此规则不可能存在。

1、只有那些懂你生活的人才能告诉你该做什么。

2、但是此前没有人有过你的生活，它是全新的。

3、因此没有人能够真正懂得你的生活。

4、因此没有人能够告诉你该做什么，甚至连你自己都不能。

1、拥有最多财富者有最多权力。

2、最富有的人也是最贪婪的人。

3、贪婪者是坏蛋。

4、因此坏蛋拥有最多权力。

5、因此最能让社会变好的人对此毫无兴趣。

6、因此社会永远不会好。

1、如果你想要某件东西，那就是说你没有这件东西。

2、那么如果你有了这件东西，那么你就不会想要它。

3、因此我们永远不想要我们有的东西。

4、因此满足是不可能的事情。